새의 노래

Bird Songs
from Around
the World

새의 노래

레스 벨레츠키 지음 · 데이비드 너니, 마이크 랭먼 그림
최희빈 옮김 · 최창용 감수

영림카디널

새의 노래

2022년 1월 31일 1판 1쇄 발행

지은이 | 레스 벨레츠키
그린이 | 데이비드 너니, 마이크 랭먼
옮긴이 | 최희빈
감수자 | 최창용
펴낸이 | 양승윤

펴낸곳 | (주)와이엘씨
　　　　 서울특별시 강남구 강남대로 354 혜천빌딩
　　　　 Tel.555-3200　Fax.552-0436
　　　　 출판등록 1987.12.8. 제1987-000005호

http://www.ylc21.co.kr

값 32,000원

ISBN 978-89-8401-239-4 (03490)

혼합
신뢰할 수 있는
원천의 종이
FSC® C016973

영림카디널은 (주)와이엘씨의 출판 브랜드입니다.

차례

들어가며 ─────

새 관찰을 즐기는 사람과 야생동물을 좋아하는 사람들은 주변의 새들을 쉽게 만날 수 있다. 하지만 먼 나라에 사는 새는 보기가 쉽지 않다. 새를 좋아하는 사람들은 대부분 여러 나라를 놀아다니며, 흔히 볼 수 있는 새뿐만 아니라 희귀한 새를 보고, 낯선 노랫소리와 울음소리도 듣고 싶은 꿈이 있다. 이들은 유명하고도 매력적인 새에 대한 호기심이 넘쳐난다. 가령 남아메리카에 사는 시끄러운 투칸, 아프리카와 아시아에 사는 놀라운 코뿔새, 뉴질랜드를 대표하는 새인 신비로운 키위, 다른 새의 노래를 따라 하는 호주의 금조 등 여러 새가 있다. 하지만 그런 여행이 쉽지 않은데 다른 나라의 신기한 새들을 꼭 만나고 싶다면, 여러분은 지금 이 책과 함께 느긋하게 탐험을 떠나, 세계 곳곳에 사는 새의 모습을 보고 소리도 들을 수 있다.

이 책에는 세상에서 가장 흥미로운 새 200종을 담았다. 어떤 종류의 새들은 특정 대륙을 대표할 만큼 밀접한 관계가 있는 새들이고, 또 어떤 종류의 새들은 특별히 더 눈에 띄고 매력적이며 희귀하기도 하다. 자연 그대로의 색감으로 아름다운 새 그림을 그린 데이비드 너니와 마이크 랭먼은 실력이 뛰어난 일러스트레이터다. 그들은 새의 행동이나 주변 환경, 소리를 내는 장면을 정확하게 묘사하는 그림을 그렸다.

여러분이 새를 보면서 각 페이지에 있는 QR코드를 인식하면, 특정 새가 자연에 깃들여 노래하거나 우는 소리를 들을 수 있다. 이 책에 수록된 새소리는 코넬대학교 부속 조류연구소에 있는 매콜리 도서관에서 제공받았다. 이 도서관은 전 세계 새의 67%에 해당하는 새소리를 포함해 자연에서 녹음한 16만 개 이상의 음원을 보유하고 있다.

이 책을 활용하는 법

이 책은 6개 장으로 나뉘며, 각 장마다 다른 대륙을 다룬다. 다만 남극에는 서식하는 새는 종류가 적어서 이 책에서는 다루지 않았다.

각 장은 그 대륙의 특색 있는 새를 간단하게 설명하면서 시작한다. 그 옆에 있는 마이크 랭먼이 그린 매력적인 풍경화에서 각 대륙의 자연 환경과 그 장에서 다루는 몇몇 새도 볼 수 있다. 멕시코 서부의 삼림지대, 브라질 강가의 우림, 유럽의 초원, 아프리카 대초원에 펼쳐진 삼림지대, 아시아의 열대 운무림(雲霧林), 오세아니아의 유칼립투스 숲 같은 새들의 서식지가 그려져 있다.

이 책에 수록된 새소리에 대한 정보는 조금 더 설명이 필요하다. 새소리는 보통 노랫소리(song)와 신호소리(call)로 나뉜다. '노랫소리'는 대체로 선율이 있는 소리로 보통 더 길고, '신호소리'는 비교적 짧고 선율이 없다. 예를 들어, 호주 동남부에만 사는 동부호주개개비가 '칩-께리어-께' 하고 내는 소리는 노랫소리지만, '짓' 또는 '지잇' 하고 내는 소리는 자주 내뱉는 신호소리다. 새 전문가들 중의 일부는 기관지에 있는 소리를 내는 기관(명관)이 더 복잡하게 발달한 명금류(노래하는 새, songbird)라고 불리는 더 최근에 진화한 새들만이 진정한 노랫소리를 낼 수 있다고 주장하기도 한다. 우리가 알아볼 수 있는 몸집이 작은 새는 대부분 소리를 내는 기관이 발달한 새들이며, 굴뚝새, 지빠귀, 어치, 개개비, 찌르레기, 참새와 되새 등이 여기에 해당한다.

　이 외에도 일부 전문가들은 종종 수컷이 자신의 영역을 암컷과 경쟁자 수컷에게 뽐내려고 내는 소리를 노래로 정의하기도 한다. 이런 노래를 '뽐내는 노랫소리' 또는 '영역을 주장하는 노랫소리'로 부르기도 한다. 반면 '신호소리'는 여러 가지 다양한 목적으로 신호를 보내는 울음소리로, 짝을 유혹하거나 경쟁자의 의욕을 꺾을 때 내는 소리와는 구별된다. '신호소리'의 예를 들면, 포식자 새를 경계하며 내는 울음소리거나 암수가, 또는 부모 새와 아기 새가 관계를 돈독하게 하려고 내는 울음소리다. 또한 무리에 있는 다른 새와 계속 연락을 취하려고 짧은 신호를 보내기도 한다.

　새 관찰을 즐기는 사람들과 자연을 사랑하는 사람들이 이 책에서 정말 멋진 새를 보고, 새소리를 들으면서 신나는 경험을 하길 바란다.

– 레스 벨레츠키

일러두기 : 국내에 분포하지 않고 외국에만 서식하는 새의 이름에 대해 공식적으로 정립된 명명법은 없다. 따라서 외국에 서식하는 새의 이름을 우리말로 옮길 때는 명백한 생태적 또는 형태적 오류를 범하는 경우를 제외하고는 사실상 명칭에 대해 옳고 그름을 판단하기가 어렵다.

전 세계의 새가 포함된 이 책에서는 국내에 기록된 종의 경우 공식적으로 통용되는 명칭을 사용했으며, 그 이외의 경우에는 일반적으로 통용되는 새의 이름을 참고해 가능한 유사한 분류군, 형태적 특징, 영어명과 학명, 수입되거나 통용되는 명칭 등을 고려해 이름을 붙였다.

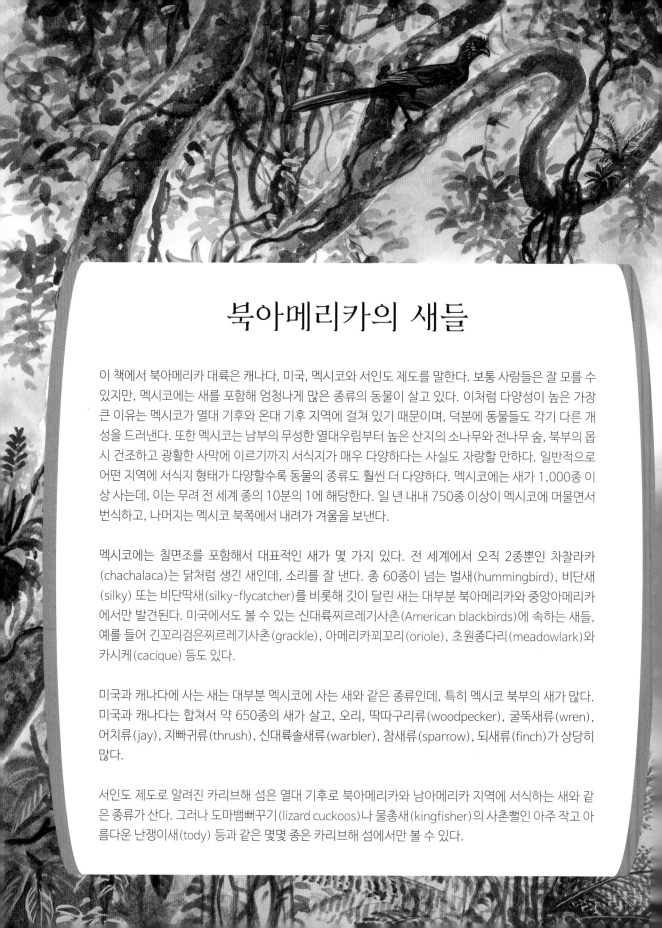

북아메리카의 새들

이 책에서 북아메리카 대륙은 캐나다, 미국, 멕시코와 서인도 제도를 말한다. 보통 사람들은 잘 모를 수 있지만, 멕시코에는 새를 포함해 엄청나게 많은 종류의 동물이 살고 있다. 이처럼 다양성이 높은 가장 큰 이유는 멕시코가 열대 기후와 온대 기후 지역에 걸쳐 있기 때문이며, 덕분에 동물들도 각기 다른 개성을 드러낸다. 또한 멕시코는 남부의 무성한 열대우림부터 높은 산지의 소나무와 전나무 숲, 북부의 몹시 건조하고 광활한 사막에 이르기까지 서식지가 매우 다양하다는 사실도 자랑할 만하다. 일반적으로 어떤 지역에 서식지 형태가 다양할수록 동물의 종류도 훨씬 더 다양하다. 멕시코에는 새가 1,000종 이상 사는데, 이는 무려 전 세계 종의 10분의 1에 해당한다. 일 년 내내 750종 이상이 멕시코에 머물면서 번식하고, 나머지는 멕시코 북쪽에서 내려가 겨울을 보낸다.

멕시코에는 칠면조를 포함해서 대표적인 새가 몇 가지 있다. 전 세계에서 오직 2종뿐인 차찰라카(chachalaca)는 닭처럼 생긴 새인데, 소리를 잘 낸다. 총 60종이 넘는 벌새(hummingbird), 비단새(silky) 또는 비단딱새(silky-flycatcher)를 비롯해 깃이 달린 새는 대부분 북아메리카와 중앙아메리카에서만 발견된다. 미국에서도 볼 수 있는 신대륙찌르레기사촌(American blackbirds)에 속하는 새들, 예를 들어 긴꼬리검은찌르레기사촌(grackle), 아메리카꾀꼬리(oriole), 초원종다리(meadowlark)와 카시케(cacique) 등도 있다.

미국과 캐나다에 사는 새는 대부분 멕시코에 사는 새와 같은 종류인데, 특히 멕시코 북부의 새가 많다. 미국과 캐나다는 합쳐서 약 650종의 새가 살고, 오리, 딱따구리류(woodpecker), 굴뚝새류(wren), 어치류(jay), 지빠귀류(thrush), 신대륙솔새류(warbler), 참새류(sparrow), 되새류(finch)가 상당히 많다.

서인도 제도로 알려진 카리브해 섬은 열대 기후로 북아메리카와 남아메리카 지역에 서식하는 새와 같은 종류가 산다. 그러나 도마뱀뻐꾸기(lizard cuckoos)나 물총새(kingfisher)의 사촌뻘인 아주 작고 아름다운 난쟁이새(tody) 등과 같은 몇몇 종은 카리브해 섬에서만 볼 수 있다.

꿩뻐꾸기 Pheasant Cuckoo

학명: 드로모코킥스 파시아넬루스(Dromococcyx phasianellus)

눈에 잘 띄지 않는 꿩뻐꾸기가 멕시코 숲에서 날아오르며 지저귀는 서글픈 휘파람 소리

꿩뻐꾸기는 일반인은 물론, 조류연구자들도 보기 힘들기 때문에 호기심을 자극한다. 멕시코 남부의 낮은 지대에 사는 이 새는 조심스럽게 살금살금 숨어다닌다. 푸르른 숲을 좋아해서 대부분 빽빽한 덤불에 몸을 숨기고 있는데, 중앙아메리카와 남아메리카에서도 볼 수 있다. 몸길이가 35~38cm 정도 되고, 길고 널따란 꼬리가 있다. 천천히 걸음을 옮기며 나무로 둘러싸인 서식지를 조용히 드나든다. 보통 혼자서 생활하며 곤충(특히 메뚜기류)과 도마뱀을 잡아먹는다. 위협을 느낄 때는 빠른 날갯짓으로 재빨리 달아난다. 어미 새가 다른 종의 둥지에 알을 낳으면 원래 '주인'인 새가 새끼를 키우는데, 이를 탁란(托卵)이라고 한다.

비록 꿩뻐꾸기가 눈에 잘 띄진 않아도 울음소리는 종종 들을 수 있다. 땅에서 대부분의 시간을 보내고, 나무의 중간 높이나 그 위로 날아올라 지저귄다. 그 울음소리는 보통 서글프며, '시씨-위위위이', '휘휘-휘휘휘이' 같은 멀리 울려 퍼지는 휘파람 소리가 난다. 또 다른 소리로도 우는데, '사', '세', '시씨'라고 울며 첫마디보다 뒷마디가 높은 소리가 난다. '꼬꼬 꼬꼬' 하는 울음소리도 낼 수 있다.

자메이카도마뱀뻐꾸기Jamaican Lizard Cuckoo

학명: 사우로테라 베툴라(*Saurothera vetula*)

보기 힘든 자메이카도마뱀뻐꾸기의 수다스럽고 시끌시끌한 노랫소리

새를 관찰하러 자메이카를 방문한 사람들은 대개 자메이카도마뱀뻐꾸기를 찾아 나선다. 카리브해 섬에서만 25가지 이상의 새 종류를 볼 수 있는데, 그중 하나가 자메이카도마뱀뻐꾸기다. 몸집이 커서 실제로 도마뱀을 잡아먹는 도마뱀뻐꾸기는 세계에서 4종뿐이며 서인도 제도에만 산다. 자메이카도마뱀뻐꾸기는 축축한 숲이나 삼림지대에 서식한다. 나무 위쪽 사이사이를 느릿느릿 오가며 다양한 종류의 곤충, 도마뱀, 새끼 새를 비롯한 동물성 먹이를 찾아다닌다.

자메이카도마뱀뻐꾸기는 주로 나뭇잎 뒤에 앉아 있어서 눈에 띄지 않는 대신, 소리를 들을 가능성이 더 높다. 낮고 쉰 듯한 소리로 '깍깍깍–까까까–까까' 하고 빠르게 울다가 점점 울음소리가 잦아든다.

붉은배차찰라카 Rufous-bellied Chachalaca

학명: 오르탈리스 바글레르(*Ortalis wagler*)

아메리카의 열대지방에서 오전에 흔히 들리는 차찰라카의 요란한 울음소리

차찰라카와 그 친척뻘인 몸집이 큰 봉관조류(guan, curassow)는 닭과 비슷한 새로 서반구의 열대 지방과 아열대 지방에 산다. 깃털색이 다채로워서 가장 매력이 넘치는 새 중의 하나인 붉은배차찰라카는 멕시코 서부에만 널리 퍼져 있다. 낮은 지대의 낙엽수림과 가시덤불에 서식하며 때때로 농경지나 나무 농장으로 이동하기도 한다. 붉은배차찰라카는 보통 짝을 짓거나 작은 무리를 지어 모습을 드러내며, 나무에 달리거나 땅에 떨어진 열매를 주식으로 먹는다.

차찰라카는 아침저녁으로 '차-차-**락**-카'라고 들리는 요란한 울음소리로 유명하다. 이 새들이 일제히 우는 소리는 아메리카 대륙의 열대우림 지역에서 흔히 들리는 아주 특색있는 배경 음악 중 하나가 되었다. '끼리이-끄', '쳐어어-얼'로 들리는 특별한 울음소리도 있다.

무지개칠면조Ocellated Turkey

학명: 멜레아그리스 오켈라타(Meleagris ocellata)

무지개칠면조 수컷이 짝을 유혹하려 '고르륵 고르륵' 하며 구애하는 소리

칠면조는 북아메리카 지역의 토종 새로 전 세계에 오직 2종뿐이다. 많은 이에게 친숙한 들칠면조(Wild Turkey)는 미국 전지역뿐 아니라 다른 지역에도 널리 퍼져 있는데, 이는 사람들이 유럽과 호주로도 데려갔기 때문이다. 반면 들칠면조보다 덜 알려진 무지개칠면조는 오직 멕시코의 유카탄 반도와 이에 이웃한 과테말라와 벨리즈에만 있다. 이들은 낮은 지대의 축축한 숲과 나무도 없이 탁 트인 지역의 덤불에서 서식한다. 땅에 사는 이 커다란 새는 무지갯빛이 돌아 눈에 띄게 매력적이다. 검푸른색과 청록, 밝은 파란색을 띠며, 깃털이 없는 머리는 노란빛이 도는 주황색 '돌기'를 뽐낸다. 보통 작은 무리를 이루어 시간을 보내는데, 씨앗이나 작은 과실류, 견과류와 곤충을 먹는다. 영어 이름의 'Ocellated (눈알 무늬)'는 꼬리 깃털에 눈처럼 생긴 무늬가 있기 때문에 붙여졌다. 과도한 사냥과 서식지 파괴로 현재 멸종위기에 처해 있다. 일부 지역의 서식지에서는 이런 행위가 사라졌지만, 여전히 자연보호구역에서 사냥을 하는 사람들도 있다.

무지개칠면조는 다양한 소리를 내는데, 들칠면조나 집에서 기르는 칠면조가 내는 잘 알려진 울음소리와 비슷하게 울기도 한다. 이 새를 관찰하는 사람들은 수컷이 암컷에게 구애할 때 내는 '푹-푹-푹-푹' 하는 콧소리와 암컷이 내는 '꼬꼬 꼬꼬' 하는 소리에 주의를 기울인다.

멕시코유리앵무 Mexican Parrotlet

학명: 포르푸스 키아노피기우스(*Forpus cyanopygius*)

멕시코유리앵무가 흔히 친구를 부르는 '크릿 크릿' 하는 반복된 울음소리

멕시코유리앵무는 작고 다부진 체격의 초록 유리앵무로 분류된다. 울음소리가 수다스러움에도 불구하고, 정작 나무의 초록 잎사귀 사이에 있을 때에는 찾기가 어려울 수도 있다. 따라서 자그마한 초록 몸통에 날개깃이 파란 멕시코유리앵무는 대체로 날고 있을 때 또렷하게 볼 수 있다. 이 새는 멕시코 서부에만 산다. 서식지는 낙엽수림, 키 작은 나무가 있는 건조한 지역, 나무가 드문드문 자라는 탁 트인 초원, 농장, 물줄기에 둘러싸인 삼림 지대 등 다양하다. 나무에 달리거나 땅에 떨어진 무화과, 작은 과실류 같은 열매와 씨앗류 일부를 먹는다. 또 대단히 사교적이라서 보통 20~50마리 정도가 무리를 이룬다. 하지만 때로는 혼자 있거나 적은 수의 무리로 발견되기도 한다.

이 작은 앵무새는 대체로 나뭇가지 위에 앉아서 또는 날면서 운다. 흔한 울음소리는 듣기 힘든 고음으로 '크릿… 크릿' 또는 '크리-잇… 크리-잇' 하고 멀리 퍼져 나가는 소리다. 날카롭게 지저귀는 울음소리가 다양해서 마치 실제보다 개체 수가 더 많은 듯이 들린다. 먹이를 먹는 동안에는 때때로 혼자 꽥꽥거리는 울음소리를 내기도 한다.

세인트빈센트아마존앵무 St. Vincent Amazon

학명: 아마조나 귈딩기이(Amazona guildingii)

아름다운 세인트빈센트아마존앵무가 흔히 내는 '꾸와 꾸와' 하는 크나큰 울음소리

세인트빈센트아마존앵무는 서반구에서 볼 수 있는 가장 멋진 색을 띤 앵무(parrot) 중 하나다. 이 커다란 새는 서인도 제도 동부에 있는 소앤틸리스 제도의 세인트빈센트(St. Vincent)라는 작은 섬에서만 볼 수 있다. 이 지역의 세인트빈센트아마존앵무는 두 가지의 색상형으로 나타나는데, 노란색과 갈색이 조합된 개체와 전체적으로 초록빛이 도는 개체가 있다. 이 새는 축축하고 울창한 숲을 좋아하며, 나무 위쪽에서 주 먹이인 열매와 씨앗 그리고 꽃을 찾는다. 20세기 초부터 농사를 짓기 위해 이 새들이 서식하는 원시림을 개발업자들이 개간하면서 개체 수가 급격하게 줄어들어 현재는 멸종위기에 처해 있다. 나무는 벌목되어 요리용 숯이 되고, 상인들 사이에서는 이 이국적인 앵무를 잡아다가 애완동물로 사고파는 불법 거래가 성행했다. 결국 1980년대 중반까지 남아 있던 수가 500여 마리뿐이었지만, 최근 이 새를 보존하려는 노력을 기울인 결과 800마리 이상 살고 있다.

비록 세인트빈센트아마존앵무에 대한 연구가 널리 진행되지는 않았어도 그 울음소리는 알려져 있다. 새를 관찰한 대부분의 사람들은 이 새가 날면서 큰 소리로 '꾸와… 꾸와… 꾸와' 또는 '구아… 구아… 구아' 하고 운다고 보고했다. 다른 울음소리로는 목을 긁는 '스크리-이-아', 날카로운 '스크리-리-리리'도 있으며, 먹는 동안에는 수다스럽게 와글와글하거나 악쓰는 소리를 길게 내기도 한다.

분홍저어새Roseate Spoonbill

학명: 플라탈레아 아야야(Platalea ajaja)

까마귀 떼가 사는 숲에서 천적을 만난 분홍저어새가 그렁거리며 경계하는 소리

분홍저어새는 북아메리카에서 가장 특이한 외모를 지닌 섭금류(wading bird)❜ 중 하나다. 몸은 진분홍이고, 날개와 꼬리는 붉으며 민머리다. 주걱처럼 생긴 부리 때문에 영어 이름에 'spoonbill(숟가락 부리)'이 붙여졌다. 미국에서는 주로 플로리다와 멕시코만 연안 지역을 따라서 발견되는데, 보통 내륙이나 해안가의 얕은 물에서 서식한다. 또한 멕시코 양옆의 대서양과 태평양 해안가에서 남아메리카로 향하는 남쪽 방향을 따라 퍼져 있다. 굉장히 매력적인 이 새는 만(灣)이나 강어귀, 습한 목초지, 늪이나 습지, 갯벌 같은 해안이나 민물 지역에서 걸어 다니며 먹이를 찾는다. 저어새는 머리를 흔들면서 '숟가락'처럼 생긴 부리를 살짝 벌린 채로 물속에서 양옆으로 젓다가 부리가 먹이에 닿으면 탁 다문다. 주로 물고기와 갑각류, 곤충을 잡아먹는 저어새는 떼 지어 다니면서 먹고 쉬며, 둥지를 튼다.

분홍저어새는 몇 가지 소리만 낼 수 있다. 번식지가 아닌 곳에서는 그르렁거리는 '어-어-어'하는 소리를 내는데 보통 먹이 활동 중일 때 들을 수 있다. 번식 활동과 관련되어 경계하는 울음소리는 '허-허-허-허-허'처럼 들린다. 짝과 인사를 하거나 구애행동을 할 때는 낮게 '꼬꼬꼬꼬, 쫏쫏쫏쫏, 깍깍깍깍' 하는 소리를 내기도 한다.

❜습지나 초지 등의 개방된 지역에서 생활하며 다리, 목, 부리가 모두 길어서 습지에서 활동하는 물고기나 곤충, 무척추동물 따위를 잡아먹는 새. 두루미, 백로, 해오라기, 도요물떼새 따위가 있다.−옮긴이

큰부리큰군함조Magnificent Frigatebird

학명: 프레가타 마그니켄스(Fregata magnicens)

플로리다의 번식지에서 군함조가 내는 시끄러운 울음소리

군함조는 몸집이 크고 아름다운 바닷새로 커다랗고 뾰족한 날개와 길게 두 갈래로 갈라진 꼬리깃이 있다. 군함조가 해안 지역을 조용하게 날아오르는 모습은 멋지다. 이들은 전 세계 열대 해양 지역에 서식하고 있으며, 큰부리큰군함조는 주로 멕시코 해안과 미국 플로리다의 멕시코만 연안 지역을 따라 서식한다. 군함조는 갑자기 빠른 속도로 휙 내려가서 물고기를 잡거나 파도에 밀려 떠오른 오징어나 해파리를 잡아챈 후 날면서 먹는다. 예상과는 달리 수영을 못해서 물 위에서는 쉴 수가 없으며, 오직 외딴 섬과 같은 육지에만 내려앉을 수 있다. 수컷은 새빨갛고 커다란 목 주머니가 있는데, 구애할 때 풍선처럼 빵빵하게 부풀린다.

큰부리큰군함조는 번식기가 아닌 경우 보통 조용하다. 하지만 번식기에는 구애하는 울음소리와 수다스럽게 지저귀는 소리, 그르렁거리며 우는 소리로 번식지가 아주 시끄러울 수도 있다.

붉은굽은날개벌새Rufous Sabrewing

학명: 캄필롭테루스 루푸스(*Campylopterus rufus*)

붉은굽은날개벌새의 격정적인 '끽끽' 하는 울음소리

붉은굽은날개벌새는 중간 크기의 매력적인 벌새(hummingbird)로 넓은 꼬리가 특징이다. 멕시코 남부의 태평양 연안과 중앙아메리카 일부 지역에만 서식한다. 우림, 소나무나 참나무가 자라는 일부 숲과 숲 가장자리, 협곡, 농장 주변에 산다. 꽃을 맴돌며 꿀을 먹고, 날아다니는 곤충을 잡아먹는다. 특히 수컷은 맛있는 꿀이 든 꽃밭을 찾으면, 자신의 영역으로 삼고서 다른 벌새로부터 꽃을 지킨다.

벌새는 다양한 울음소리를 내지만, 주로 높은음으로 짧게 지저귀거나 휘파람을 불고 짧은 노래를 조용하게 부른다. 붉은굽은날개벌새는 격정적으로 '끽끽' 울며, '플리익' 하는 쇳소리를 내고, '치-르 칙칙칙칙' 하고 더 길게 울기도 한다. 재잘거리는 노랫소리부터 높은음으로 노래하는 소리까지 다양하다.

흰목쏙독새|Pauraque

학명: 닉티드로무스 알비콜리스(*Nyctidromus albicollis*)

텍사스 남부에서 아르헨티나까지 흔히 들을 수 있는 흰목쏙독새가 밤에 '퓌이**얼**' 하고 우는 소리

흰목쏙독새는 쏙독새류(nightjar)의 새로 여러 지역에 널리 퍼져 있다. 텍사스 남부에서 아르헨티나 북부에 걸쳐 주로 숲이나 산림지에 서식한다. 꽁지는 기다랗고 두 가지 다른 색을 띠는데, 대부분 회갈색이나 붉은빛이 도는 갈색이다. 흰목쏙독새 같은 쏙독새류는 주로 밤에 활동하고, 때때로 해질 무렵이나 새벽에 활동하기도 한다. 낮에는 조용하게 땅이나 나뭇가지에 앉아서 시간을 보내는데, 위장해 몸을 잘 숨기기 때문에 거의 눈에 띄지 않는다. 일부 지역에서는 '타파카미노스(tapacaminos)'❛나 '길막이 새(road-blocker)'라고도 알려져 있다. 밤에 길 위에 앉아 있다가 사람이나 차량이 아주 가까이 와서야 날아가는 습성 때문이다. 날아다니는 곤충을 먹는데, 탁 트인 지역 위를 낮게 빙빙 돌거나 땅 위로 반복해서 짧게 날아오르며 사냥을 한다.

수컷은 다양한 휘파람 소리를 몇 가지 내는데, 큰 소리도 있고 부드러운 소리도 있다. '퓌이**얼**'과 '휘 휘 휘 휘-이-유' 하는 소리를 자주 낸다. 대체로 이런 휘파람 소리 앞에 '푹'이나 '풋'이라는 소리를 이어서 내는데, '풋-풋-풋-풋 퓌이**얼**' 하고 들린다. 짧은 울음소리는 '꿀럭' 그리고 '웁' 소리와 쉬익거리며 목을 긁는 소리를 내기도 한다. 암컷은 빠르게 '휩' 하고 운다.

❛길을 막는다는 뜻의 스페인어.-옮긴이

자수정목벌새 Amethyst-throated Hummingbird

학명: 람포르니스 아메티스티누스(*Lampornis amethystinus*)

다른 벌새처럼 자수정목벌새가 먹는 동안 짹짹, 윙윙거리며 우는 다양한 소리

몸집이 작은 자수정목벌새는 멕시코에 사는 60여 종 이상의 벌새 중에서 가장 예쁜 새 중 하나다. 높은 지대에 사는 종으로 거의 해발 3,000m 높이의 산악지대 숲에서 발견되지만, 꽃의 꿀에서 영양분을 얻기 위해 산 아래쪽의 습한 상록수림까지 빠르게 오르내린다. 중앙아메리카 일부 지역에도 사는 이 벌새의 수컷은 목 부분에 아주 멋있는 옷깃이 있는데, 장밋빛부터 자줏빛까지 지역마다 다른 색을 띤다. 암컷의 목 부분은 수컷만큼 색이 두드러지지 않고, 탁한 황갈색을 띤다. 자수정목벌새가 이끼류로 컵 모양의 둥지를 짓고 덤불이나 작은 나뭇가지로 둥지를 보호한다는 사실 외에는 어떻게 생활하고 행동하는지 알려진 바는 많지 않다. 이 새는 꽃의 꿀뿐 아니라 날아다니는 곤충을 쫓아가서 잡아먹기도 한다.

이 새를 관찰한 사람들은 자수정목벌새의 울음소리가 아주 다양하다고 설명한다. 보통 앉아 있을 때 '칙칙칙…', '첩첩첩…', '칩칩칩…' 하고 거세게 반복해서 울고, 먹이를 먹을 때는 '쪼쪼쪼찌르' 하고 윙윙거리며 운다.

노랑배비단날개새Citreoline Trogon

학명: 트로곤 키트레올루스(Trogon citreolus)

비단날개새가 서부 멕시코의 산에서 자기 영역을 알리며 내는 노랫소리

야생동물을 사랑하는 사람들은 비단날개새(trogon)를 세상에서 가장 아름다운 새라고 여기기도 한다. 비단날개새는 아메리카, 아프리카, 아시아 대륙 남부에서 발견되는데, 노랑배비단날개새는 유일하게 멕시코 태생이다. 멕시코의 태평양쪽 경사면에 있는 숲, 삼림지대, 농장, 맹그로브 숲에 서식한다. 비단날개새는 대부분 홀로 다니거나 한 쌍으로 생활한다. 아주 멋진 색깔을 띠지만 나뭇가지 위 초록 나뭇잎 뒤에 꼼짝하지 않고 앉아 있기 때문에 보기가 어려우며, 실제 다른 새들보다 오랜 시간 움직이지도, 소리를 내지도 않은 채 조용하게 앉아 있다. 노랑배비단날개새는 나무에 달린 열매를 먹고, 나뭇잎에 붙은 곤충도 잡아먹는다. 거의 앉아서 먹이를 모으지만, 때때로 나무 열매 주위를 맴돌며 나는 모습이 새를 관찰하는 사람들 눈에 띄기도 한다.

일반적으로 비단날개새는 간단하지만 독특한 노래를 부른다. 콧방귀를 뀌는 듯한 짧은 음을 다양한 형식으로 엮어서 부른다. 노랑배비단날개새가 '훗', '큐', '코우'라는 음을 점점 빠르게 연달아 내는 노래는 재잘거리는 소리처럼 들린다. 듣기에 '쿄우-쿄우-쿄우-쿄우-쿄우쿄우쿄우' 하고 들린다. 비단날개새는 일 년 내내 노래를 부르지만 번식기에는 더욱 자주 들린다. 위험에 처했을 때는 '켁' 하는 소리를 낸다.

아마존물총새Amazon Kingfisher

학명: 클로로케릴레 아마조나(*Chloroceryle amazona*)

아마존물총새의 격정적이고도 수다스러운 울음소리

빼어난 외모의 물총새는 거의 지구 전 지역에 서식하는데, 아메리카 대륙에서는 물이 있는 곳이라면 거의 살고 있다. 아름다운 짙은 녹색을 띤 아마존물총새는 물총새의 대표 격으로, 멕시코 중부에서 남아메리카에 걸쳐 볼 수 있다. 멕시코에서는 큰 강 주변이니 호숫가, 맹그로브 숲 지역에 서식하며 물고기와 깁각류를 먹는다. 물가에 있는 나무에 앉아서 가만히 관찰하다가 갑자기 빠르게 내려와 물속으로 날아들어 먹이를 잡는다.

아마존물총새는 '클렉', '크릿', '쯔쯔쯔쯔릇'처럼 몇 가지 거친 울음소리를 크고 짧게 낸다. 때때로 이런 소리는 빠르게 반복되고 이어져서 수다스러운 소리가 된다. 또렷한 음을 연속해서 내기도 하는데, 첫 음을 높였다가 떨어뜨린다.

금빛볼딱다구리`Golden-cheeked Woodpecker

학명: 멜라네르페스 크리소게니스(*Melanerpes chrysogenys*)

금빛볼딱다구리가 격정적으로 '키디딕' 하며 우는 흔한 울음소리

🖊 표준어는 '딱따구리'이지만 특정한 종을
지칭할 때에는 '딱다구리'라고 쓴다.

금빛볼딱다구리는 멕시코 서부의 텃새로 숲속, 숲 가장자리, 나무가 드문드문 있는 탁 트인 지역이나 농장에서 서식한다. 이 지역에서 가장 잘생긴 딱따구리류 중 하나로, 볼과 목은 금빛으로 노랗고, 등과 날개, 꽁지에는 흑백의 줄무늬가 있다. 오직 수컷만이 붉은 깃이 있고, 암컷의 깃은 회색빛이다. 어떻게 생활하고 행동하는지 상대적으로 많이 알려지지 않았다. 보통 홀로 있거나 짝을 지어 다니는 모습을 볼 수 있다. 나무에서 딱정벌레와 그 유충을 포함한 곤충류를 비롯해 씨앗류나 열매도 먹는다고 알려졌다.

금빛볼딱다구리의 울음소리는 흔히 들리는 격정적인 '키디딕' 하는 소리로 대부분 크고 콧소리가 난다. 더 긴 울음소리는 '칙-쿠, 칙-쿠, 칙-쿠, 케-이-헤-엑' 하고 들리며, 이와 다르게 찌르르 울기도 하는데 '처리-이-허' 하고 들린다.

쿠바난쟁이새Cuban Tody

학명: 토두스 물티콜로르(*Todus multicolor*)

아담한 몸집에 소리 높여 노래하는 쿠바난쟁이새가 빠르게 '토-또-또-또' 지저귀는 소리

난쟁이새는 숲과 삼림지대에 사는 아담한 새로, 쿠바와 자메이카, 서인도 제도의 히스파니올라섬, 푸에르토리코 지역의 섬에만 산다. 모두 다섯 종류가 있는데 정말 모두 비슷하게 생겼기 때문에, 사실 난쟁이새 무리는 19세기까지 단일 종으로 여겨졌다. 등과 머리는 밝고 선명한 진녹색을 띠고, 목은 다홍색, 하얀 배는 노란빛 또는 분홍빛으로 물이 들어 있다. 물총새와 사촌 격인 이 작은 새는 현란한 색과 온순한 성향 그리고 게걸스럽게 먹는 모습으로 물총새와 구별이 된다. 벌새처럼 몸집이 작아서 신진대사가 빠르기 때문에 힘을 보충하기 위해서는 자주 먹어야 한다. 날아다니거나 나뭇잎에서 떨어진 곤충을 비롯해 거미, 아주 작은 도마뱀, 작은 열매도 먹는다.

난쟁이새는 노래를 자주 부르는데, 때로는 윙윙거리는 짧은 울음소리를 거의 계속해서 낸다. 그중에서도 쿠바난쟁이새는 가장 또렷한 소리를 내는데, 대표적인 울음소리는 '삐리이이이-삐리이이이' 하고 들린다. 이 울음소리 때문에 '방귀쟁이(pedorrera)'라는 쿠바 현지 이름을 떠오르게 한다. 앉아 있을 때 흔히 내는 울음소리는 빠르게 '또-또-또-또' 하고 지저귀는 소리다. 쿠바난쟁이새의 또 다른 독특한 소리는 날 때 왱왱거리며 크게 내는 날갯짓 소리다.

흰부리크낙새 Ivory-billed Woodpecker

학명: 캄페필루스 프링키팔리스(*Campephilus principalis*)

1935년 미국 루이지애나주 습지에서 녹음된 흰부리크낙새가 쪼고 나서 내는 나팔 소리

흰부리크낙새가 멸종했다고 널리 알려졌지만, 2005년 미국 아칸소주 동부에서 다시 발견됐다고 한다. 미국에서 가장 큰 딱따구리(woodpecker)인 흰부리크낙새는 50㎝쯤 자란다. 머리깃이 달린 빼어난 외모의 흰부리크낙새는 오래 전부터 미국 남동부의 '장년기 하천'✎ 유역 숲과 편백나무 습지에서만 산다. 그러나 19세기 후반과 20세기 초 자연 개발로 서식지가 심각하게 변해서 개체 수가 급격히 줄어들었다. 최근 다시 발견되기 전까지 이 새를 마지막으로 확인한 시점은 1950년대. 강한 부리를 사용해서 죽은 지 오래되지 않은 나무의 껍질을 벗겨 주로 큰 딱정벌레의 유충을 찾아 먹거나 흰개미, 열매, 견과류와 씨앗류도 먹는다.

흰부리크낙새의 가장 독특한 울음소리는 경계할 때 내는 단순한 나팔 소리로, 대체로 한두 번 반복된다. 새를 관찰하는 사람들은 이 새가 내는 또 다른 소리에 주목한다. 바로 '뺏, 뺏, 뺏' 또는 다소 콧소리가 나는 높은음으로 '얍, 얍, 얍' 하며 마치 작은 나팔을 불듯이 울려 퍼지는 소리다. 또한 부리를 나무에 부딪칠 때 툭툭 두 번 치며 엄청나게 큰 소리도 낸다.

✎기울기가 감소해 지류에서 유입되는 물질을 겨우 운반할 수 있는 정도의 유속을 가진 강.–옮긴이

흰줄무늬나무발발이사촌White-striped Woodcreeper

학명: 레피도콜랍테스 레우코가스테르(*Lepidocolaptes leucogaster*)

흰줄무늬나무발발이사촌이 영역을 주장하는 긴 노랫소리

나무발발이사촌은 아메리카 대륙에 사는 작고 호리호리한 갈색 새다. 딱따구리류처럼 나무줄기나 나뭇가지에 재빠르게 올라가서, 길게 뻗은 줄기의 모난 표면을 발끝에 난 날카롭고 구부러진 강한 발톱으로 꽉 움켜쥐고 뻣뻣한 꽁지깃으로 지탱한 채 곤충을 잡아먹는다. 딱따구리류는 '북 치는' 듯한 소리와 밝은 색을 띤 반점으로 관심을 끄는 반면, 나무발발이사촌은 상대적으로 조용하고, 보통 칙칙한 갈색이나 밤색, 황갈색 빛을 띤다. 흰줄무늬나무발발이사촌은 지대가 높은 숲과 멕시코 서부와 남부의 삼림지대에만 깃들여 산다. 이 종은 보통 혼자 또는 짝을 지어 다니는데 나무줄기로 올라가 나무껍질 틈에 숨은 곤충을 찾는 모습을 종종 마주칠 수 있다. 또한 다른 종류의 새와 함께 섞여서 무리를 이루어 먹기도 한다.

나무발발이사촌은 아무런 기교나 선율이 없는 노래를 부르는 것으로 유명하다. 대부분 단순하게 재잘대고 높은 음을 짧게 지저귄다. 그러나 이들이 사는 숲에서는 가장 특징 있는 노랫소리다. 흰줄무늬나무발발이사촌의 노랫소리는 20~35가지 다른 음을 '즈즈즈즈즈즈즈즈츠츠츠츠츠-츳뜨뜨-뜨-뜨-뿟-뿟-뿟' 하고 빠르고 다급하게 떨면서 내다가 끝날 때쯤 느려진다. 흔히 울음소리로는 '찌씨르르' 또는 '씨르르르'처럼 떨리는 소리가 있다.

비늘무늬개미새사촌Scaled Antpitta

학명: 그랄라리아 과티말렌시스(Grallaria guatimalensis)

우르르 하며 빈통을 울리는 듯한 개미새사촌의 노랫소리

비늘무늬개미새사촌은 남과 잘 어울리지 않는 수줍음이 많은 새다. 멕시코 중부와 남부부터 남아메리카에 이르는 지역의 습한 숲에 서식한다. 상당히 흔치 않은 새로 거의 눈에 띄지 않는다. 숲 아래쪽이나 바닥에 사는데 무성한 초목 아래 그늘과 산골짜기, 물가 지역을 좋아한다. 이 새는 땅이나 쓰러진 나무에서 폴짝 뛰어올라 먹이를 잡는다. 때로는 부리를 사용해서 떨어진 잎을 들추면서 곤충, 애벌레, 노래기를 찾기도 한다.

비늘무늬개미새사촌이 노래하는 행동에 대한 기록은 별로 없지만, 빈통을 울리는 듯한 음으로 이루어진 노래는 4~5초 간격을 두고 소리가 커진다. 번식기에는 수컷이 땅에서 약 9m 정도 높이 올라앉아 몸을 숨긴 채 노래하면, 암컷은 높고 짧게 떨리는 노랫소리로 지저귀며 답한다. 주위를 경계할 때는 낮고 거친 소리로 꺽꺽거리거나 그렁거리는 소리를 낸다. 비늘무늬개미새사촌의 은밀하고 잘 숨는 습성 때문에 현지인이나 그 지역에서 새를 관찰하는 사람들은 보통 노랫소리와 울음소리를 통해서만 이 새가 있다는 것을 알게 된다.

줄무늬큰개미새Barred Antshrike

학명: 탐노필루스 돌리아투스(*Thamnophilus doliatus*)

멕시코 열대우림에서 들리는 줄무늬큰개미새의 주된 노랫소리

줄무늬큰개미새는 이름에서 알 수 있듯이 개미는 물론, 여러 종류의 곤충도 먹는다. 작지만 개미새류(antbird)를 대표하는 눈에 띄는 새다. 종류가 많은 개미새류는 주로 아메리카 대륙의 열대지역에만 산다. 특히 무시무시한 군대개미를 따라가서 이들에게 쫓기는 곤충이나 다른 작은 동물을 찾는다고 알려져 있다. 그러나 줄무늬큰개미새는 가끔 개미 떼를 따라다니며 먹고, 주로 서식하는 브라질 북부부터 멕시코 남부에 걸쳐 있는 지역에서는 숲의 낮은 덤불 속에서 먹이를 찾는다.

줄무늬큰개미새는 날카로운 콧소리 음을 연속해서 점점 빠르게 '꺼꺼꺼꺼' 또는 '까까까까' 하고 노래한다. 노랫소리는 꽤 부드럽게 시작해서 점점 커지다가 높은음을 길게 이어 부르면서 끝내 잦아든다. 가냘프게 그르렁거리거나 휘파람 부는 듯한 울음소리도 낸다.

붉은다리지빠귀Red-legged Thrush

학명: 투르두스 플룸베우스(*Turdus plumbeus*)

붉은다리지빠귀가 영역을 주장하는 노랫소리의 한 부분

붉은다리지빠귀는 서인도 제도 거의 전 지역을 터전으로 삼아, 숲과 산림지대, 농장, 정원에 산다. 대체로 잘 숨어 있는 붉은다리지빠귀는 번식기에 주목을 받는데, 이때 부르는 노래나 공격적인 행동이 두드러지기 때문이나. 사람들이 사는 지역에서도 아침 시간에 길가를 따라서 곤충, 거미, 달팽이, 작은 개구리, 도마뱀, 뱀 등의 먹이를 찾아다닌다. 이 새의 매력있는 외모는 장소에 따라 조금씩 다르다. 어떤 섬에서는 배에 붉은 빛이 돌고 목이 검은데, 다른 지역에서는 이런 특징이 거의 없다.

붉은다리지빠귀는 '삐르, 삐르, 삐르, 치릿- 삐르, 삐르, 치리릿-' 그리고 '삐유, 표로, 찌리리- 삐유, 표로로, 표로, 찌리-' 하는 선율이 있지만 조금 단조로운 노래를 반복해서 부른다. 자주 들리는 울음소리로는 '위차-위차-위차' 또는 '차-차-차'가 있다. 주변을 경계할 때는 높은음으로 '윗-윗' 또는 '웻-웻' 하고 운다.

검은목긴꼬리어치 Black-throated Magpie-Jay

학명: 칼로키타 콜리에이(*Calocitta colliei*)

검은목긴꼬리어치가 부르는 다양한 소리 중에서 흔한 울음소리

검은목긴꼬리어치는 전 세계에 분포한 까치, 까마귀류에서 가장 잘생긴 새 중 하나다. 멕시코 북서부의 산림이나 매우 건조하고 덤불이 무성한 지역에 서식한다. 빼어난 외모 덕분에 지역의 다른 새와 헷갈릴 수가 없다. 보통 키 작은 나무 덤불이나 무성한 나무 사이를 천천히 노니는 모습을 자주 볼 수 있다. 머리와 가슴은 검으며, 등은 파랗고, 배는 하얗다. 엄청나게 기다란 꽁지는 전 세계 어치(jay) 중에서 가장 길고 짙은 파란색을 띠며 끝만 하얗다. 보통 짝을 짓거나 몇 마리씩 어울려 다니면서 작은 과실류, 열매, 곤충, 거미를 먹는다.

어치류는 날카로운 소리를 비롯해 다양한 울음소리를 낸다고 알려져 있다. 검은목긴꼬리어치도 예외는 아니다. 울림이 풍부해서 높은음으로 선율이 있는 소리부터 낮은음으로 목을 긁는 소리까지 다양하게 낸다. 휘파람 소리가 나는 울음소리도 여럿 있고, 질러대는 소리, 혀 차는 소리나 수다스러운 소리도 있다. 대체로 어치는 한 소리를 몇 번씩 반복해 운율을 만든 다음 다른 소리를 낸다. 어떤 검은목긴꼬리어치의 울음소리는 '크르르르럽' 하고 울리는 소리, '큐우' 하고 공허하게 울려 퍼지는 소리, '크로우' 하는 요란한 소리, '리익' 하는 콧소리로 묘사되기도 한다.

잿빛비단딱새Grey Silky-flycatcher

학명: 프틸로고니스 키네레우스(Ptilogonys cinereus)

잿빛비단딱새가 '츄-립' 하고 내는 흔한 울음소리

잿빛비단딱새는 머리깃이 무성하고 꽁지가 길쭉한, 아주 멋지고 호리호리한 새다. 오직 4종뿐인 비단딱새 중 하나다. 비단딱새는 북아메리카와 중앙아메리카에 살며, 잿빛비단딱새는 멕시코와 과테말라의 여러 지역에 분포된 높은 지대에서 발견된다. 중간 크기의 명금류인데, 부드럽고 매끄러운 깃털 덕분에 '비단새'라고도 불린다. 이 새는 주로 숲이나 삼림지대에 서식하지만 나무가 드문드문 있는 좀더 탁 트인 지역에서도 볼 수 있다. 주로 날면서 먹이를 잡는데 잎이 떨어진 나뭇가지나 나무 꼭대기처럼 높이 드러난 나뭇가지 위에 앉아서 들락거리며 날아다니는 곤충을 잡는다. 작은 과실류도 먹는데, 특히 겨우살이 나무에 열리는 열매를 잘 먹는다. 보통 번식기에는 함께 하는 짝과 어울리지만, 다른 때에는 100여 마리 이상이 띄엄띄엄 모여서 무리를 이루기도 한다.

비단딱새 중 두 종류가 다른 새의 소리를 따라 할 수 있다고 하지만, 잿빛비단딱새가 노래를 아주 잘 부른다는 생각이 들지는 않는다. 이 새는 재잘거리는 휘파람 소리를 이어 부르는데, 상대적으로 작은 소리로 노래한다. 울음소리는 대체로 큰 편이고, '치-케-럽 케켑' 하는 콧소리와 '츄릿' 또는 '츄립' 하는 날카로운 소리를 낸다.

검은머리모기잡이Black-capped Gnatcatcher

학명: 폴리옵틸라 니그리켑스(*Polioptila nigriceps*)

검은머리모기잡이가 '리이흐' 하고 내는 가장 흔한 울음소리

활기차고 민첩한 모기잡이는 숲과 삼림지대에 살면서 꼬리를 흔들거나 씰룩대면서 나뭇잎 사이를 촐랑촐랑 날아다니며 먹이로 곤충을 찾는다. 모기잡이는 빠르게 움직이며 쉴 새 없이 꼬리를 흔들면서 숨어 있는 벌레를 몰아낸다. 모기잡이류에 속하는 15종의 새는 모두 아메리카 대륙에서만 발견된다. 검은머리모기잡이는 멕시코 북서쪽에 사는 대표적인 새다. 아주 작고 아담한 이 모기잡이는 주로 푸르스름한 잿빛을 띠고, 검은색과 흰색이 어우러진 꽁지는 길고 좁다랗다. 머리는 보통 다소 검은색이다. 이 새는 고도가 높지 않은 건조 지역과 반건조 지역의 가시덤불과 키 작은 나무 덤불이 많은 곳에 살며, 대체로 빽빽한 초목에서 먹이를 찾는다.

검은머리모기잡이 수컷은 거친 소리로 재잘거리는 짧은 노래를 부른다. 이 새는 울음소리도 많은데, '리이-흐', '메이유흐'와 비슷한 소리와 왁자지껄 수다스러운 소리를 내기도 한다.

붉은아메리카솔새Red Warbler

학명: 에르가티쿠스 루베르(*Ergaticus ruber*)

멋진 붉은아메리카솔새 수컷이 영역을 주장하는 노랫소리

110종 이상의 아메리카솔새류(American warbler) 중에서 가장 눈에 띄고 독특한 이 새는 멕시코 산간 지역에 사는 토종 새다. 밝은 계통의 다양한 붉은색을 띠어 붉은아메리카솔새라는 이름이 잘 어울린다. 소나무, 참나무, 전나무 숲에 서식하며, 홀로 다니거나 짝을 지어 덤불이나 나무의 중간 높이 아래에서 주 먹이인 곤충을 찾아다닌다. 한 쌍이 일 년 내내 함께 다니다가 고도가 높은 지역에서 번식한 뒤 겨울을 보내기 위해 고도가 낮은 따뜻한 지역으로 내려온다. 풀, 솔잎, 다른 식물성 재료를 이용해 빽빽한 초목 사이의 땅에 둥지를 튼다.

붉은아메리카솔새는 짤막하게 떨리는 음을 이어가며, 사이사이 다양하게 지저귀는 소리와 때때로 높은음으로 '칩' 하는 소리를 섞어서 노래를 부른다. 흔한 울음소리는 거세게 '프시-잇' 하는 소리, 가늘고 높게 '치이' 하는 소리가 있다.

서인도흰눈썹풍금조Western Spindalis

학명: 스핀달리스 제나(Spindalis zena)

서인도흰눈썹풍금조가 높은음으로 부르는 휘파람 소리

풍금조류(tanager)는 몸집이 아담하고 화사한 색을 띤다. 북아메리카와 남아메리카에 살고, 열매를 먹는 새로 유명하다. 풍금조류에는 200종이 넘는 새가 있지만, 서인도 제도에서만 볼 수 있는 풍금조를 '스핀달리스(spindalis)'라고 부르며, 이에 속하는 새는 모두 4종으로 규모가 작다. 과거에는 모두 서인도흰눈썹풍금조로 알려질 만큼 비슷하게 생겼다. 수컷은 머리에 흑백 줄무늬가 있고 그 아랫부분은 노랗다. 암컷은 훨씬 갈색빛을 띠거나 전반적으로 진녹색을 띤다. 서인도흰눈썹풍금조는 바하마, 그랜드케이맨섬, 쿠바, 그리고 멕시코에서 가장 큰 코스멜섬에서 꽤 흔하다. 이 지역의 다양한 장소에 서식하는데, 숲 가장자리, 덤불과 키 작은 나무에서 산다. 어떤 지역에서는 번식기에 소나무에 살기도 한다. 보통 짝을 짓거나 작은 무리를 이루어 다니며, 키 작은 나무 아래에서부터 나무의 높은 곳까지 어디서든 먹이를 찾는데, 주로 작은 과실류를 먹는다.

서인도흰눈썹풍금조의 표현은 엄청 다양하다. 높은 나뭇가지에 앉아서 부르는 노래는 종종 높은음으로 '시잇 디잇' 하는 가느다란 휘파람 소리로 묘사된다. 때때로 지저귀는 소리가 뒤따르기도 하는데 부드럽게 재잘대는 소리로 이루어진 또 다른 유형의 노랫소리도 있다. 자주 '시-입' 하는 소리를 내며, 날면서는 '시잇 싯-트-트-트-트' 하고 울기도 한다.

푸른꿀먹이새Green Honeycreeper

학명: 클로로파네스 스피자(Chlorophanes spiza)

푸른꿀먹이새가 경계하며 날카롭게 '트칩' 하고 내는 울음소리

꿀먹이새는 북아메리카와 남아메리카 대륙에만 사는 작고 아름다운 빛깔을 띠며 고운 소리로 우는 큰 규모의 풍금조류 중 작은 부류에 속하는 새다. 풍금조는 열매를 먹는 새로 소문이 나 있지만, 꿀먹이새는 독특한 혀와 살짝 아래로 휜 부리로 꽃을 더듬어 꿀을 찾고, 때로는 꽃 아랫부분에 구멍을 뚫어서 꿀을 빨아먹는다. 또한 작은 열매와 씨앗류, 몇몇 곤충을 먹이로 삼는다. 푸른꿀먹이새는 멕시코 남부에서 남아메리카에 이르는 지역에 퍼져 있다. 보통 습한 숲의 높은 나무 위쪽을 돌아다니는데, 숲 가장자리, 나무가 드문드문 자라는 숲속 빈터나 정원에서는 땅 가까이 내려온다. 대개 홀로 또는 짝지어 다니며, 꽃나무에서는 아주 맛있는 열매를 먹기 위해 간혹 나뭇잎사귀에 거꾸로 매달리기도 한다. 수컷은 반짝반짝 눈부신 초록색이나 청록색을 띠고 눈은 빨갛다. 암컷은 노란 빛이 도는 초록색이다.

푸른꿀먹이새가 소리를 내는 행동에 대해 제대로 된 기록은 없다. 조용하게 윙윙거리는 소리를 내다가, 떨리는 음으로 높고 짧게 '츳-츳-칯' 하고 지저귀거나 두 소리를 섞어서 노래를 부르다가 '츠' 소리를 무수히 내며 끝맺는 듯하다. 경계할 때는 날카롭게 '트칩' 하고 울고, 날아다닐 때는 '트씻' 하고 운다.

바나나퀴트Bananaquit

학명: 코이레바 아베올라(Coereba aveola)

바나나퀴트 수컷이 높은음으로 떨리는 소리를 내고 윙윙거리며 지저귀는 노랫소리

바나나퀴트는 멕시코 남부 카리브해의 섬 대부분과 남아메리카의 여러 지역에 널리 퍼져 있다. 가슴이 샛노랗고 몸집이 아주 작은 바나나퀴트의 역사는 계속 바뀌어 왔다. 바나나퀴트는 풍금조류나 솔새류(warbler)에 가까운 새로 여겨졌지만, 최근 연구 결과에 따르면 어떤 새들과도 가깝지 않다고 밝혀졌다. 그러므로 바나나퀴트는 그 자체로 독립된 과(科, family)로 분류되며, 또 이에 속한 유일한 종이 된다. 이 새는 작은 꽃을 찾아 살짝 아래로 휜 독특한 부리로 구멍을 뚫어 꿀을 먹고, 열매에서는 과즙을 먹는다. 곤충과 거미도 먹고, 일부 지역에서는 새 모이통에 놓인 열매, 특히 바나나를 먹기도 한다. 어떤 곳에서는 식당 밖 탁자에 놓인 설탕을 가져간다. 스페인어로 어린 소녀를 부르는 애칭인 '레이니타(reinita, 작은 여왕)'라고도 불리며, 숲과 삼림지대, 정원과 농장에 산다.

바나나퀴트는 거의 일 년 내내 노래를 부르는데, 지역마다 차이가 심해서 카리브해의 여러 섬에서도 다소 다르게 표현한다. 멕시코 동남쪽에서는 높은음의 윙윙거리는 소리 다음에 짧게 떨리는 재잘거리는 소리가 '찌-찌-찌-찌-쯔지유' 하고 빠르게 이어진다. 다른 지역에서는 높은음의 떨림이나 윙윙 소리, 새된 지저귐, 심지어 쉬익 하는 짧은 소리로 부르는 노래가 들린다.

노랑날개아메리카베짜는새 Yellow-winged Cacique

학명: 카키쿠스 멜라닉테루스(*Cacicus melanicterus*)

노랑날개아메리카베짜는새가 짝의 관심을 끌기 위해 부르는 재잘재잘 휘파람 소리

노랑날개아메리카베짜는새는 신대륙찌르레기사촌류(American blackbird)를 대표하는 까맣고 노란빛이 어우러진 새다. 신대륙찌르레기사촌류에는 긴꼬리검은찌르레기사촌(grackle), 초원종다리(meadowlark), 북아메리카에 사는 기생찌르레기(cowbird), 신대륙꾀꼬리(American oriole), 오로펜돌라(oropendola)가 있다. 노랑날개아메리카베짜는새는 멕시코 서부 해안을 따라 낮은 지대 곳곳에 서식한다. 숲 가장자리, 나무가 드문드문 자라는 탁 트인 지역, 해안 덤불, 과일 농장 등 서식지가 다양하다. 이 종은 눈에 잘 띄는 새로 보통 나무의 중간 높이 이상에서 짝을 지어 다니거나 작은 무리를 이룬 모습을 볼 수 있다. 밤에는 수백 마리가 모여 앉아서 쉬지만, 번식할 때는 혼자서 또는 10마리 이내가 모여 키 큰 나무에 서로 다른 높이로 둥지를 만들어 작은 번식지를 이룬다.

큰 소리를 내는 노랑날개아메리카베짜는새는 표현할 수 있는 소리가 많다. 재잘재잘 노래하다가 더 조용하게 음을 이어가기도 하는데, 어떤 이들은 '라, 우-우, 우-우, 라아니 라아니'라고 묘사한다. 휘파람 소리, 재잘거리는 소리, 거친 소리로 다양하게 울고, 심지어 '키-에르르 잉크-잉크-잉크'처럼 낭랑한 소리도 내며 운다. '휙' 또는 '윅' 하는 소리를 매우 자주 내며, 또 다른 소리로는 '라아' 하고 음을 올리며 콧소리를 내기도 한다.

주황가슴북미멧새Orange-breasted Bunting

학명: *파세리나 레클랑케리이(Passerina leclancherii)*

주황가슴북미멧새가 영역을 주장하는 높고 불안정한 노랫소리

작고 어여쁜 주황가슴북미멧새는 멕시코 서부의 매우 건조한 지역에 퍼져 있다. 무성한 삼림지대, 숲 가장자리, 초목이 빽빽하게 둘러싼 곳을 좋아한다. 오색 빛깔을 지닌 북미멧새류(American bunting)에 속하는 일곱 종 중 하나로, 캐나다 남부에서 중앙아메리카에 이르는 지역에 살고, 밀화부리류(saltator), 홍관조류(cardinal), 양진이류(grosbeak)로 알려진 새들과 밀접한 관련이 있다. 일부 지역에서 흔하게 볼 수 있고, 대개 짝을 이루거나 작은 무리를 짓고 산다. 보통 땅에 떨어져 있거나 높지 않은 곳에 있는 먹이를 찾고 씨앗류, 열매, 꽃봉오리를 비롯해 몇몇 곤충을 먹는다. 수컷과 암컷이 매우 비슷하게 생겼는데, 암컷이 수컷보다 푸른빛은 덜하고 조금 더 초록빛을 띤다.

북미멧새류에 속하는 새들의 노래는 모두 어느 정도 비슷하다. 보통 쾌활하다고 생각되는 소리로 노래를 부르지만, 때때로 지나치게 반복하며 2~5초 동안 지저귄다. 주황가슴북미멧새는 보통 툭 튀어나온 나뭇가지 위에 앉아서 재잘재잘 지저귀는데, 가까운 사촌 새들보다 조금 더 풍부하고 달콤한 목소리로 노래를 부른다. '칙' 또는 '클릭' 하는 짧은 울음소리가 가장 자주 들린다.

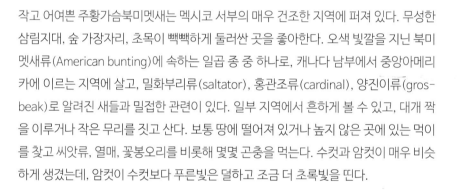

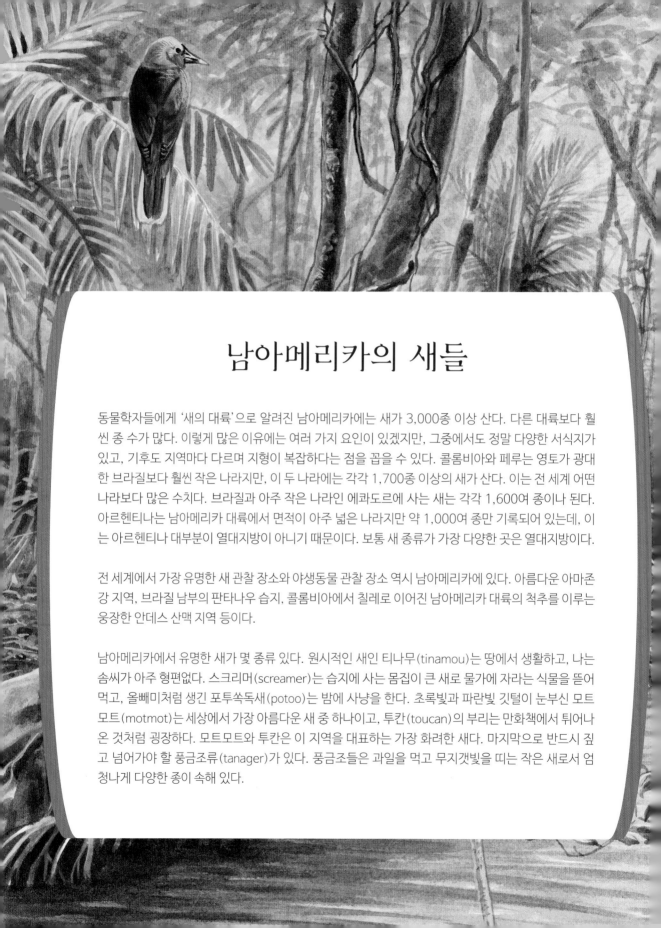

남아메리카의 새들

동물학자들에게 '새의 대륙'으로 알려진 남아메리카에는 새가 3,000종 이상 산다. 다른 대륙보다 훨씬 종 수가 많다. 이렇게 많은 이유에는 여러 가지 요인이 있겠지만, 그중에서도 정말 다양한 서식지가 있고, 기후도 지역마다 다르며 지형이 복잡하다는 점을 꼽을 수 있다. 콜롬비아와 페루는 영토가 광대한 브라질보다 훨씬 작은 나라지만, 이 두 나라에는 각각 1,700종 이상의 새가 산다. 이는 전 세계 어떤 나라보다 많은 수치. 브라질과 아주 작은 나라인 에콰도르에 사는 새는 각각 1,600여 종이나 된다. 아르헨티나는 남아메리카 대륙에서 면적이 아주 넓은 나라지만 약 1,000여 종만 기록되어 있는데, 이는 아르헨티나 대부분이 열대지방이 아니기 때문이다. 보통 새 종류가 가장 다양한 곳은 열대지방이다.

전 세계에서 가장 유명한 새 관찰 장소와 야생동물 관찰 장소 역시 남아메리카에 있다. 아름다운 아마존 강 지역, 브라질 남부의 판타나우 습지, 콜롬비아에서 칠레로 이어진 남아메리카 대륙의 척추를 이루는 웅장한 안데스 산맥 지역 등이다.

남아메리카에서 유명한 새가 몇 종류 있다. 원시적인 새인 티나무(tinamou)는 땅에서 생활하고, 나는 솜씨가 아주 형편없다. 스크리머(screamer)는 습지에 사는 몸집이 큰 새로 물가에 자라는 식물을 뜯어 먹고, 올빼미처럼 생긴 포투쏙독새(potoo)는 밤에 사냥을 한다. 초록빛과 파란빛 깃털이 눈부신 모트모트(motmot)는 세상에서 가장 아름다운 새 중 하나이고, 투칸(toucan)의 부리는 만화책에서 튀어나온 것처럼 굉장하다. 모트모트와 투칸은 이 지역을 대표하는 가장 화려한 새다. 마지막으로 반드시 짚고 넘어가야 할 풍금조류(tanager)가 있다. 풍금조들은 과일을 먹고 무지갯빛을 띠는 작은 새로서 엄청나게 다양한 종이 속해 있다.

물결무늬티나무Undulated Tinamou

학명: 크립투렐루스 운둘라투스(*Crypturellus undulatus*)

남아메리카 숲에서 친숙하게 들리는 티나무의 휘파람 소리

중앙아메리카와 남아메리카에 사는 티나무는 위장을 굉장히 잘하며 몸을 잘 숨긴다. 외모는 닭과 닮았지만, 몸집이 더 크고 레아(rhea)와 타조처럼 잘 날지 못한다. 간혹 날기도 하지만 아주 짧은 거리를 힘없이, 보통 땅 가까이에서 난다. 이 새는 잘 숨어서 연구하기가 어렵지만, 연구자들은 베네수엘라와 가이아나부터 남쪽으로 아르헨티나 북부에 이르는 지역의 숲이나 대초원, 덤불이 있는 서식지에서 물결무늬티나무를 찾아냈다. 이곳은 아마존 지역 대부분을 포함한다. 티나무는 보통 열매, 씨앗, 곤충을 먹는다.

티나무는 크고 맑은 음색의 휘파람 소리로 노래한다, 때때로 풍금이나 플루트에서 나는 음과 비슷한 소리를 내는데, 이런 소리가 하루 종일 숲에 울려 퍼지기도 한다. 그래서 남아메리카 숲 하면 떠오르는 소리가 되었다. 이밖에도 물결무늬티나무는 자신의 터전에서 가장 흔하게 내는 소리가 있다. 음을 3~4개 내는데 끝으로 갈수록 음을 올리며 '도 도 도 도**오**?' 하는 구슬픈 울음소리다.

뿔스크리머Horned Screamer

학명: 안히마 코르누타(Anhima cornuta)

뿔스크리머가 요란하게 '**위**부 **위**부' 하고 내는 울음소리

스크리머는 3종이 있는데, 뿔스크리머가 그중 하나다. 뿔스크리머는 몸집이 크고 다부진 남아메리카의 물새다. 콜롬비아에서 남쪽으로 브라질을 지나 아르헨티나 북부에 이르는 지역에 넓게 퍼져 있다. 땅에 있을 때는 커다란 검은 거위처럼 보이지만, 하늘을 날 때는 다리가 긴 독수리와 닮았다. 그러나 뿔스크리머는 오리류와 더 밀접한 관계가 있다. 습한 숲속 강가, 주변에서 물이 넘쳐 들어온 초원, 늪과 강 주변의 푸르른 초원에서 흔히 볼 수 있다. 주로 수중 식물을 뜯어먹는데, 뿌리와 이파리, 꽃, 씨앗을 먹는다. 짝을 짓거나 가족 단위로 다니며 대체로 작은 무리에 속한다.

영어 이름(screamer, 소리치는 사람)에서 알 수 있듯이 소리가 아주 큰 새다. 날기도 잘하기 때문에 아주 높은 곳으로 날아올라 빙빙 원을 그리면서 상당히 큰 소리로 자주 운다. 몸집이 큰 이 물새는 놀랍게도 규칙적으로 나무 꼭대기에 앉아 아주 힘차게 운다. 뿔스크리머의 가장 흔한 울음소리는 '**위**부, **위**부' 하고 들리는데, 짝을 이룬 암컷이 울기 시작하면 수컷이 더 낮은 음으로 대답한다. 공격적인 상황에서는 거칠고 쉰 소리를 내기도 한다.

회색목뜸부기 Grey-necked Wood Rail

학명: 아라미데스 카야네아(*Aramides cajanea*)

회색목뜸부기가 자기 영역을 알리며 내는 커다란 노랫소리

회색목뜸부기는 멕시코 남부에서 아르헨티나 북부에 걸쳐 습지나 습한 숲 바닥에 서식한다. 몸을 잘 숨기는 이 새는 늪이 많은 숲을 좋아해서 늪지와 맹그로브 숲, 숲을 따라 흐르는 강과 냇물에서 시간을 보낸다. 터를 잡은 지역의 땅이 젖어 있고 축축하다면 사탕수수 농장, 심지어 무성한 목초지도 침범한다. 이 어여쁜 새는 보통 꼿꼿한 자세로 땅 위와 얕은 물을 헤치며 걷고, 때때로 나무와 덤불에 앉아 있기도 한다. 낮 시간은 물론이고 해가 뜨고 질 무렵에도 활동적이다. 쌍으로 슬금슬금 움직이며, 게와 달팽이, 곤충, 개구리, 열매 등 다양한 먹이를 찾는다. 오솔길 가에 열린 작은 과실류를 따기 위해 겅중 뛰어오르고, 우연히 마주친 다른 새의 둥지에서 알도 훔친다.

회색목뜸부기는 아주 큰 소리로 상당히 길게 우는데, 그 울음소리가 새벽녘과 해 질 녘, 그리고 가끔 밤에도 들린다. '트레폿 트레폿 트레폿폿폿', '치링코 치링코 치링 코코코' 또는 '쿡쿠키 쿡쿠키 코코코'처럼 신나게 큰 소리를 내서 어쩐지 선율이 있는 노래처럼 들린다. 때로는 짝과 함께 듀엣으로 이 노래를 부르기도 한다. 브라질에서는 울음소리를 따서 '트레-포트(tres-potes)' 또는 영어로 '쓰리 팟(three pots)'이라고 부른다.

얼룩무늬봉관조Crested Guan

학명: 페넬로페 푸르푸라스켄스(Penelope purpurascens)

얼룩무늬봉관조의 단호하고도 날카로운 울음소리

봉관조는 닭과 닮은 몸집이 큰 새로 서반구의 따뜻한 지역에 산다. 얼룩무늬봉관조의 외모는 아주 인상적이다. 몸길이가 거의 90㎝ 가까이 되고 숱이 풍성한 머리깃이 있으며, 눈 주변 피부는 깃털이 없고 푸른색을 띤다. 목에는 붉은 주머니가 매달려 있다. 이 새는 남아메리카 북부부터 북쪽으로 멕시코 일부 지역까지 습한 숲에 서식한다. 혼자 또는 짝을 이루거나 작은 가족 단위로 어울리며 무화과나 파파야, 작은 과실류, 씨앗류 같은 열매와 나뭇잎을 먹는다. 때로는 떨어진 열매와 딱정벌레를 잡으러 땅에 내려온다.

얼룩무늬봉관조는 보통 이른 아침이나 늦은 오후, 믿을 수 없을 만큼 큰 소리로 끼루룩거리거나 고함을 치듯이 운다. '키에-키에-키에' 하거나 '요잉크-요잉크-요잉크' 하는 소리도 있고, '콘-콘-콘' 하거나 쉰 목소리로 '크위이오' 하며 길게 반복하는 소리도 있다.

부채머리수리(하피수리)Harpy Eagle

학명: *사우로테라하르피아 하르피야(Harpia harpyja)*

부채머리수리가 큰 소리로 '위이이이-이유' 하는 흔한 울음소리

이전부터 멕시코 남부에서 아르헨티나 북부에 이르는 지역에서 '최고의 새'로 불렸던 거대한 부채머리수리는 오랫동안 세상에서 가장 힘이 센 맹금류로 여겨졌다. 부리부터 꽁지깃 끝까지 몸길이가 거의 90㎝가 되고, 두 날개 길이가 거의 2m에 이른다. 열대지방 숲에서 멀리 떨어진, 넓게 펼쳐진 낮은 지대에 주로 머문다. 꽤 커다란 동물을 다양하게 먹이로 삼는데, 특히 원숭이와 나무늘보를 먹는다. 또한 개미핥기, 긴코너구리, 주머니쥐, 호저, 어린 사슴, 큰 앵무, 봉관조, 이구아나와 뱀 같은 파충류도 먹는다. 이 거대한 부채머리수리는 사람이 사는 지역에서 닭, 개, 양, 돼지, 작은 양을 잡아먹기도 한다. 재빠르게 먹이를 죽인 다음 나무 꼭대기로 물고 가서 먹는다.

부채머리수리는 일상적으로 크고 날카롭게 '위이이이-이유' 또는 '휘이… 휘이… 휘이우…' 하고 소리를 지른다. 부드럽게 쯧쯧 혀 차는 소리를 내거나 낮고 거친 소리로 꺽꺽거리기도 한다.

줄무늬숲새매 Barred Forest Falcon

학명: 미크라스투르 루콜리스(*Micrastur rucollis*)

줄무늬숲새매가 '케약' 하고 반복해서 우는 소리

줄무늬숲새매는 남아메리카와 중앙아메리카에 서식하며 동물을 잡아먹는 포식성 조류다. 빽빽하고 습한 숲에 사는 뛰어난 사냥꾼으로, 아랫부분의 정교한 가로줄무늬를 따라 나 있는 짧은 날개와 긴 꼬리 덕분에 재빠르게 움직이는 능력이 뛰어나다. 그래서 열대우림의 우거진 나무 위쪽 사이나 나무줄기와 나뭇가지 사이사이의 좁은 공간으로도 날아다닐 수 있다. 다른 종류의 매보다 상대적으로 귓구멍이 크기 때문에 소리를 듣고서 사냥하는 경우가 더 많다. 도마뱀을 주로 먹지만, 보통 몸을 숨겼다가 빠르게 사냥하는 이런 새는 먹이가 다양하다. 큰 곤충이나 작은 새, 개구리, 박쥐, 작은 뱀도 먹는다. 숲새매는 그 어떤 사촌새보다 더 자주 군대개미 떼 가까이에 앉아 있다. 이 포식개미가 숲 바닥을 이동하면서 몸을 숨긴 곤충이나 다른 작은 동물을 몰아내면 숲새매가 와락 잡아챈다. 줄무늬숲새매는 때로 같은 지역에서도 겉모습이 두 가지로 나뉘는데, 등이 회색인 새가 있고 붉은빛이 도는 갈색인 새도 있다.

느닷없이 '케약' 하고 내는 소리는 줄무늬숲새매의 독특한 울음소리다. 이 소리를 여러 번 잇달아 내고, 대체로 동이 트거나 해질 무렵, 비오는 날에는 단조로운 소리를 낸다. 길게 소리를 낼 때는 '케요-케유-케이오 꼬 꼬 꼬' 하고 울기도 한다.

뱀눈새Sunbittern

학명: 에우리피가 헬리아스(Eurypyga helias)

뱀눈새가 '이이이이이이이이이이이이이우리' 하고 내는 멀리 울려 퍼지는 울음소리

뱀눈새는 몸길이가 약 45㎝ 정도 되고, 회색과 갈색, 검은색 깃털이 아름답게 무늬를 이루며, 검은 머리에는 하얀색 줄무늬가 있다. 부리는 길고 곧으며, 목은 가느다랗고 꼬리는 길다. 뱀눈새는 열대지방의 숲이 우거진 냇가와 물이 자주 넘치는 숲 주변에 살면서, 곤충, 거미, 게, 개구리, 가재와 작은 물고기를 찾는다. 뱀눈새는 구애하거나 위협할 때 '구름 사이로 비치는 햇살'처럼 노란색, 갈색, 검은색이 어우러지는 화려한 무늬가 나타나게 꼬리와 날개를 활짝 펼치는 모습으로 유명하다. 이 우아한 뱀눈새는 경계심이 높아 보통 혼자 있고, 나무나 덤불에 나뭇잎과 진흙으로 둥그런 컵 모양 둥지를 튼다. 뱀눈새는 과테말라에서 남쪽으로 이어진 페루와 브라질 중부에 걸쳐 퍼져 있다.

뱀눈새는 대부분 멀리 울려 퍼지는 큰 울음소리를 낸다. 이른 아침에는 대체로 높은 음의 휘파람 소리를 '이이이이이이이이이이이이이우리' 하고 또렷하게 낸다. 엄청나게 큰 소리로 내는 '깍 깍 깍 깍' 하는 울음은 무언가 알리거나 뽐내는 소리다. 때때로 더 짧은 울음소리를 연달아 내기도 하는데, 음의 높낮이를 바꾸며 내는 휘파람 소리나 떨리는 소리가 대부분이다. 뱀눈새가 불안하거나 위험에 처했을 때는 낮게 '쳐르' 하는 소리를 낸다.

잿빛날개나팔새Grey-winged Trumpeter

학명: 프소피아 크레피탄스(Psophia crepitans)

잿빛날개나팔새가 큰 소리로 짧게 딱딱 끊어지게 내는 울음소리

잿빛날개나팔새는 다리가 길고 등이 굽은 외모를 지닌 몸집이 큰 새로 무성한 열대림의 땅에서 생활한다. 나팔새 종류는 딱 3종으로 나뉘는데 그중 하나인 잿빛날개나팔새는 남아메리카 북부에만 산다. 나팔새는 매우 간섭에 민감한 종이라서 나팔새 사냥지에서조차 보기 힘들다. 숲 바닥을 돌아다니며 떨어진 열매를 찾거나 발로 땅을 긁어 곤충을 찾아내서 먹는다. 공중에서 나는 시간은 위험한 상황에서 도망치거나 밤에 올라앉아 쉬려고 나무로 날아오를 때뿐이다. 나팔새는 거의 항상 5~20마리 이상이 무리를 이루어 산다. 어떤 지역에서는 현지 주민이 애완용으로 키우려고 잡아가기도 한다.

일반적으로 나팔새는 성량이 무척 풍부하다. 나팔새라는 이름처럼 분명 울음소리가 자기 영역을 주장하는 신호로 사용되지만, 항상 나팔 소리와 비슷하게 우는 것은 아니다. 이름에 걸맞은 울음소리는 대체로 밤에, 해가 진 뒤 약 2시간 동안 계속된다. 울음소리는 '오-오-오-오-오오오오오'처럼 3~5개 음이 큰 소리로 빠르고 짧게 딱딱 끊어지는 스타카토로 시작해서, 그 다음 음높이를 떨어뜨려 길게 운다. 나팔새는 더 부드럽게 흥얼거리기도 하고 으르렁거리기도 하며 다양한 소리를 낸다. 땅에서 거닐 때는 대체로 '우움' 하고 울기도 한다.

히아신스금강앵무 Hyacinth Macaw

학명: 아노도르힝쿠스 히아킨티누스(*Anodorhynchus hyacinthinus*)

히아신스금강앵무 무리가 먹이를 찾을 때 내는 '크라아-아아' 하는 울음소리

브라질 아마존이나 서남부의 판타나우 지역을 여행하며 새를 관찰하는 사람들이 꼽는 가장 최고의 장면이 있다. 바로 거대한 몸집에 보랏빛이 도는 파란색을 띤 히아신스금강 앵무 떼가 먹이를 먹고 어슬렁거리며 커다란 과일 나무에서 꽥꽥거리는 모습이다. 금강 앵무는 가장 큰 앵무(parrot)로 그중에서도 히아신스금강앵무는 몸길이가 약 90㎝ 정도로 가장 길다. 히아신스금강앵무는 눈과 부리 주변에만 깃털이 없이 노랗고 나머지는 완전히 파란색이며, 날개와 꽁지 아랫부분은 다소 검다. 대체로 짝을 짓거나 작은 무리를 이루어, 야자숲이나 강가에서 자라는 키가 큰 나무 근처를 다닌다. 야자수나 다른 커다란 나무에 높직이 난 구멍, 일부 지역에서는 낭떠러지에 생긴 구멍에도 둥지를 튼다. 참으로 아름다운 이 새는 나무나 땅에서 먹이를 찾고, 야자와 다른 열매를 비롯해 달팽이도 먹는다. 히아신스금강앵무는 수 십 년 동안 애완용으로 불법적인 거래가 이어진 결과, 희귀해져서 결국 멸종위기종으로 지정되었다.

상당히 소리가 큰 히아신스금강앵무는 거칠거나 새된 울음소리를 많이 낸다. 가장 흔하게는 '크라아아-아아 크라아아-아아', '크라아-이 크라아-이' 하며 소리를 터뜨리고, 경계할 때는 깍 비명을 질러대며 긁는 듯한 소리를 낸다. 먼 거리를 날아갈 때는 짝꿍 새와 보통 가까이 붙어서 높이 날아오르며 거의 쉬지 않고 시로에게 외친다.

골든코뉴어 Golden Parakeet

학명: 과루바 과로우바(Guaruba guarouba)

골든코뉴어 여러 마리가 날면서 '그레-그레' 하고 내는 친숙한 울음소리

독특한 금빛 깃털과 기다란 꼬리, 거대한 부리를 지닌 골든코뉴어는 남아메리카에서 가장 눈에 띄는 새로 다른 새와 헷갈릴 수가 없다. 골든코뉴어는 상대적으로 좁은 브라질 북부 지역에서 멀리 떨어져 있는 두 곳에만 서식한다. 일 년 중 대부분을 무성한 우림 지대의 언덕이 있는 지역에 살지만 번식할 때는 나무가 드문드문 자라는 탁 트인 지역을 좋아하는 경향이 있다. 매우 사교적인 새로, 거의 항상 5~10마리 정도 무리를 지어 모습을 드러낸다. 나무 열매나 꽃봉오리, 꽃을 찾아 상당히 먼 거리를 돌아다닌다. 때때로 농사지은 옥수수나 망고를 먹기 때문에, 어떤 농장 주인은 농작물을 망치는 해로운 동물이라며 죽이기도 한다. 또 골든코뉴어 서식지에서 일어나는 대규모의 숲 훼손과 애완용으로 사용하기 위한 불법 포획 및 국제 거래 때문에 골든코뉴어의 개체수는 급격히 감소해 왔으며, 이로 인해 현재 멸종위기종으로 지정되어 있다.

골든코뉴어는 날면서 '그레, 그레, 그레' 또는 '끼익, 끼익, 끼익' 하는 울음소리를 반복해서 낸다. 먹는 동안에도 때때로 '끼익' 하고 울고, 구애할 때는 '큐오' 하고 길게 소리를 늘여 낸다.

호아친Hoatzin

학명: 오피스토코무스 호아진(*Opisthocomus hoazin*)

시끄러운 호아친이 '가아-가아-가아' 하고 반복해서 내는 흔한 울음소리

호아친은 남아메리카 북부에만 사는 새로, 이 대륙에서 가장 흥미로운 동물 중 하나다. 칠면조만한 크기에 두드러진 머리깃과 푸르스름한 얼굴이 특징이다. 축축한 숲과 아마존 북부 지역의 늪지에 산다. 어떤 새와도 비슷하지 않아서 깃털이 난 작은 공룡처럼 보인다는 사람두 있다. 이 희한한 새는 보통 2~8마리 정도 무리를 지어서 천천히 흐르는 냇가나 숲속 호숫가의 덤불 또는 작은 나무에 머문다. 호아친은 나뭇잎만 먹는데 소화기관이 소와 비슷해서 나뭇잎을 발효시켜서 소화하지만 식물의 다른 부분은 소화하지 못한다.

호아친은 시끄럽다. 무리가 모두 함께 소리를 내기 시작하면, 꽤 요란한 소음이 난다. 호아친의 울음소리는 아주 다양하지만, 보통 낮고 쉰 목소리로 '가아-가아-가아-가아' 하고 운다.

붉은부리케찰 Pavonine Quetzal

학명: 파로마크루스 파보니누스(*Pharomachrus pavoninus*)

강하게 '초크!' 하는 소리 뒤에 나는 '히이이이오' 하는 휘파람 소리

비단날개새류(trogon)로 알려진 케찰은 몸집이 다부진 중간 크기 새로, 외모가 가장 아름답다고 널리 알려져 있다. 새를 좋아하는 사람들은 케찰 중에서도 중앙아메리카에 사는 꽁지가 긴 종류인 눈부신케찰(Resplendent Quetzal)을 아메리카 대륙에서 가장 화려한 새로 꼽는다. 이 새와 비교하면 붉은부리케찰은 꽁지가 조금 짧지만, 깃털은 비슷하게 붉은색과 고운 비췻빛 녹색을 띠며 눈부신케찰 다음으로 손에 꼽는 새다. 아마존 강 유역의 거의 전 지역에 살며, 보통 숲에서 습하고 낮은 지대의 안쪽에 머물고, 주로 열매와 곤충을 먹는 듯하다.

붉은부리케찰은 다섯 가지 음이 연달아 나는 '이유 유우-유우-유우-유우' 하는 소리를 가장 자주 낸다. 갑자기 '초크!' 하는 커다란 휘파람 소리를 낸 뒤에 '히이이이오' 하며 음을 점점 떨어뜨리는 소리도 있다.

큰아니 Greater Ani

학명: 크로토파가 마요르(*Crotophaga major*)

큰아니가 내는 다양한 음역대의 소리 중 흔한 울음소리

큰아니는 광택이 흐르는 파란빛이 도는 검은 새로, 뻐꾸기류(cuckoo)와 밀접한 관련이 있다. 대부분 남아메리카 북부와 중부에 서식한다. 부리가 오목하게 굽었고 울음소리가 시끄러워서 알아보기 쉽다. 큰아니는 열대지방 상록수림과 무성한 초목이 자라는 물가, 가령 강가나 호숫가, 습지, 맹그로브 숲 같은 곳에서 산다. 아주 사교적이어서 보통 3~4마리가 무리를 짓거나 여러 짝들이 함께 모여서 사는 방식을 따르고, 나무와 숲 바닥에서 함께 먹이를 먹는다. 다양한 음식을 먹는데, 곤충과 거미, 작은 도마뱀, 열매, 작은 과실류와 일부 씨앗을 먹는다. 먹이를 찾을 때는 때때로 원숭이류 떼를 뒤쫓아 가서 이들에게 놀라 달아나는 곤충을 잡아먹는다. 아니는 독특한 집단번식 체계를 가지고 있는데, 무리의 암컷이 모두 한 둥지에 알을 낳아 번식한다.

아니는 보통 꽤 큰 소리로 다양하게 운다. 큰아니의 노래도 목을 긁는 소리부터 선율이 있는 노래까지 다양하다. 그르렁거리는 소리도 있고, 낮고 거친 꺽꺽 소리, 비비는 소리, 윙윙, 쉬익 하는 소리도 있다. 보통 '큐-우르' 또는 '크로-코로' 하는 멜로디, '와우… 와우… 와우' 하고 자꾸 반복되는 소리와 굵게 낮은 '오악' 하는 소리를 낸다.

큰포투쏙독새Great Potoo

학명: 닉티비우스 그란디스(*Nyctibius grandis*)

큰포투쏙독새가 밤에 '그로아아아아' 하고 외치는 소리

포투쏙독새의 외모는 매우 색다르다. 큰 머리에 거대한 눈, 꼿꼿이 선 자세 때문에 어딘지 모르게 올빼미를 닮았다. 이 종은 멕시코 남부 및 아르헨티나의 숲속에 서식하는 중형의 쏙독새이다. 큰포투쏙독새는 포투쏙독새 7종 중에서 가장 크고, 멕시코 남부 끝단에서 브라질 남부에 이르는 지역까지 곳곳에 산다. 낮에는 나무에 앉아 있는데, 나무로 위장한 듯한 색을 띠고 부리 끝이 하늘로 향하는 모습이 죽은 나뭇가지와 정말 많이 닮았다. 그래서 자주 새를 관찰하는 사람도 발견하기가 정말 어렵다. 밤에는 고독한 사냥꾼이 되어 더 적극적으로 큰 곤충과 작은 새, 도마뱀을 찾아 떠난다. 대표적인 사냥 전략은 나뭇가지에 앉아 있다가 짧게 날아올라 날아다니는 곤충을 잡는 것이다. 포투쏙독새는 둥지를 틀지 않으며, 암컷은 나무 그루터기에 생긴 틈이나 나무 위쪽 큰 나뭇가지에 알 하나를 낳는다.

포투쏙독새는 눈에 거의 띄지 않기 때문에 주로 애절한 울음소리로 확인할 수 있다. 큰포투쏙독새가 가장 자주 내는 울음소리는 매우 크고 거친 음성으로 '그로아아아' 또는 '크와아아휴' 하며 10초마다 반복해서 우는 소리다. 주로 새벽녘과 달 밝은 밤에 운다. 매우 불안해지면 짖는 듯한 소리와 '그룩스' 하는 소리를 내기도 한다.

제비꼬리벌새 Swallow-tailed Hummingbird

학명: 에우페토메나 마크로우라(*Eupetomena macroura*)

제비꼬리벌새가 나뭇가지에 앉아 큰 소리로 '착착착착' 여러 번 우는 울음소리

제비꼬리벌새는 남아메리카에서 가장 아름다운 벌새라서 다른 새와 헷갈릴 수가 없다. 꽁지는 두 갈래로 깊게 갈라졌고, 눈부신 초록과 보랏빛이 도는 파란색을 띤다. 가이아나와 브라질, 페루와 볼리비아 일부 지역에서 볼 수 있다. 많은 지역에서 다소 흔해 보여도, 주로 키 큰 나무의 중간 이상, 윗부분에서 먹이를 먹기 때문에 언제나 쉽게 볼 수 있는 새는 아니다. 제비꼬리벌새는 숲과 숲 가장자리뿐 아니라 나무가 없는 대초원처럼 탁 트인 지역과 농장, 공원, 정원 등 다양한 서식지에 산다. 제비꼬리벌새는 나무를 비롯해 뿌리 없이 다른 나무의 가지에 붙어 자라는 '기생식물(착생식물)'의 꽃에서도 꿀을 먹고, 공중에서 곤충을 잡아먹기도 한다. 이 종은 매우 공격적인 성향으로 유명한데, 자신이 선택한 꽃에 침범한 새를 쫓아내면서 다른 벌새로부터 질 좋은 꿀이 나는 꽃을 적극적으로 지킨다.

어떤 벌새는 선율이 있는 노래를 부르지만, 제비꼬리벌새처럼 대다수 벌새는 짧고 단순한 소리를 낸다. 제비꼬리벌새는 약하게 지저귀는 소리를 내는데, 대체로 '차-차-차' 하는 소리를 사이사이 낸다. '착' 하고 큰 소리로 울기도 한다.

긴꼬리자카마르_{Paradise Jacamar}

학명: 갈불라 데아(*Galbula dea*)

날카롭게 '삐입' 하고 연달아 울다 점점 음이 낮아지는 노랫소리

자카마르는 홀쭉한 체형의 열대지방 새로 남아메리카와 중앙아메리카에 산다. 기다란 멋진 부리로 날아가는 곤충을 잡는다. 반짝이는 깃털, 길게 뻗은 부리, 때때로 보이는 매우 활기찬 행동 때문에 처음 이 새를 본 사람들은 몸집이 큰 벌새라고 생각한다. 그러나 자카마르는 딱따구리류와 더 밀접한 관계가 있다. 긴꼬리자카마르는 몸 전체가 거무스름해서, 아랫부분이 붉은 갈색을 띠는 다른 자카마르 종에 비해 색다르다. 아마존 지역의 토종 새로 숲에 살며, 숲속 빈터와 강가에 자주 나타난다. 나뭇가지에 걸터앉아 나는 곤충이 나타날 때까지 고개를 앞뒤로 까딱거리고 있다가 날카로운 부리 끝으로 공중에서 벌레를 잡아채려 쏜살같이 날아간다.

다른 자카마르처럼 긴꼬리자카마르도 꽤 조용한 편이다. 소리를 낼 필요가 있을 때는 간단하게 내뱉는다. 가장 흔한 울음소리는 날거나 앉아 있는 동안에 내는 높고 짧게 '삡' 또는 '글루에' 하는 소리다. 긴꼬리자카마르의 노랫소리는 짧은 음이 간격을 두고 이어지는데, '삐입 삐입 삐입 삐입 삐입 삐입 삐이 삐이 삐 삐'처럼 끝으로 갈수록 음이 낮아지면서 차츰 잦아든다.

붉은모트모트 Rufous Motmot

학명: 바립텡구스 마르티이(*Baryphthengus martii*)

붉은모트모트가 올빼미처럼 '후웁' 하고 반복해서 영역을 주장하는 소리

붉은모트모트는 갈색빛이 감도는 녹색 깃털이 굉장히 매력적이다. 얼굴은 새까맣고 꼬리는 테니스 채처럼 끝 부분이 둥글다. 모트모트는 라틴아메리카에서 가장 사랑스러운 새를 뽑을 때 매년 후보에 오른다. 멕시코에서 남아메리카 중부까지 모트모트가 사는 지역을 여행하며 새를 관찰하는 사람들은 보고 싶은 새 목록에 항상 이 새를 올려놓는다. 붉은모트모트는 모트모트 중에서 가장 큰 새로 몸길이가 약 45㎝ 정도 되고, 온두라스에서 남쪽으로 이어진 볼리비아 북부까지 퍼져 있다. 이 아름다운 새는 주로 키 큰 나무가 자라는 습한 삼림지대에 산다. 보통 혼자 또는 짝을 이루어 살지만 다른 모트모트 종보다는 작은 무리를 지어 다니는 모습이 자주 보인다. 붉은모트모트는 다양하게 먹는다. 날아다니다 나무에서 열매를 따먹고 땅에서는 곤충, 거미, 게, 작은 개구리와 도마뱀을 잡아먹는다. 때때로 위험천만한 독개구리류도 먹고 작은 물고기를 잡기도 한다.

붉은모트모트는 보통 이른 아침에, 대체로 나무 위쪽 높은 곳에서 소리를 낸다. 주로 올빼미같이 '후웁 후웁 후후후후후' 또는 '호–후–후 또는 후웃 후웃 후웃' 하고 다양하게 연달아 소리를 낸다. 더 짧게 '후우투' 또는 '후우로' 하고 외치기도 한다. 불안할 때는 거친 소리로 요란하게 지저귀기도 한다.

토코투칸Toco Toucan

학명: 람파스토스 토코(Ramphastos toco)

토코투칸이 '끄르륵' 하며 반복해서 내는 흔한 소리

토코투칸은 분명 투칸(toucan, 왕부리새) 중에서 가장 눈에 띄는 새다. 몸체는 검은색과 흰색을 띠고, 부리는 거대하며 노란 주황빛이 돈다. 몸길이는 60㎝가 조금 넘고, 투칸류의 새 중에서 가장 크다. 다른 투칸류와 다르게 숲을 벗어나서 대초원, 야자 숲, 농장, 과수원처럼 더 탁 트인 지역에 퍼져 있다. 심지어 공항과 교외 정원에서도 볼 수 있다. 토코투칸은 비록 다른 투칸보다는 덜 사교적이라고 알려져 있지만, 키 큰 나무에 즐겨 드나들며 먹이를 찾고 노래를 부르거나 친구를 사귄다. 토코투칸은 나무 열매를 열광적으로 좋아해서, 거대한 부리로 열매를 건드려 잘라내고 자유자재로 다룬다. 그밖에 곤충도 먹고, 둥지에서 새끼 새를 훔치기도 한다. 나무에서 타란튤라 같은 큰 거미를 삼키는 걸 볼 수도 있다.

토코투칸은 대체로 '끄르륵' 하는 음을 길게 잇달아 내고, '드르르르, 드르로-드르로' 하며 굵고 낮게 코고는 소리도 낸다. 무언가 긁는 듯한 울음소리도 있고, 부드럽게 '트, 트, 트…' 하고 웅얼거리는 소리도 있다. 부리로 달그락거리는 소리, 딸깍거리는 소리도 크게 낸다.

목도리아라카리Collared Aracari

학명: 프테로글로수스 토르콰투스(*Pteroglossus torquatus*)

목도리아라카리가 먹이를 찾으면서 날카롭게 '프시잇' 하고 다른 새에게 연락하는 소리

아라카리는 12종으로 나뉘는 투칸 중 하나로 특히 다채로운 색을 띤다고 알려졌다. 부리에는 밝은 색으로 표시가 나 있고, 꽁지는 길다. 아라카리류는 모두 몸의 아랫부분이 노랑, 빨강, 검정색을 띠거나, 이 세 가지 색이 어우러져 있기도 하다. 멕시코에서 파라과이에 이르는 지역에 걸쳐 퍼져 있으며, 주로 숲으로 뒤덮인 낮은 지대에 산다. 콜롬비아와 베네수엘라, 북쪽으로 중앙아메리카에서 볼 수 있는 목도리아라카리는 눈에 띄는 투칸류 중에서도 가장 유명하다. 습한 삼림지대와 숲 가장자리에 서식하며 보통 짝을 지어 다니거나 5~15마리가 시끌시끌하게 작은 무리를 이룬 모습을 볼 수 있다. 새를 관찰하는 사람들은 보통 목도리아라카리가 나무 위쪽에서 먹이를 찾거나 노는 모습, 나뭇가지를 총총거리며 뛰는 모습 또는 서로를 따라 줄레줄레 이 나무 저 나무 옮겨 다니는 모습을 본다. 때때로 농장을 불시에 덮쳐 무화과, 파파야, 구아바, 야자 같은 열매를 따 먹고, 곤충과 도마뱀을 비롯해 새 알과 새끼 새도 먹는다.

목도리아라카리가 내는 가장 독특한 소리는 높은 음으로 귀청을 찢는 듯한 '프시잇' 또는 '트시입' 하는 소리다. 대체로 빠르게 딱딱 끊어지는 소리를 반복해서 낸다. 다양한 소리로 수다스럽게 재잘거리고 가르랑거리며 우는 소리를 자주 낸다. 공격적인 상황에서는 '아그르르' 하고 울고, 경계할 때는 '삣' 하는 소리를 낸다.

검은목웻웻 Black-throated Huet-huet

학명: 프테롭토코스 타르니이 *(Pteroptochos tarnii)*

이름처럼 '웻웻' 하고 내는 독특한 울음소리

검은목웻웻은 칠레 남부와 아르헨티나가 맞닿은 지역의 숲속에 살며, 주로 땅에서 생활한다. 꼬리세움새(tapaculo) 중에서 몸집이 중소형에 속하는 그룹의 새다. 아메리카 대륙에 사는 대체로 어두운 빛깔의 새로, 대부분 안데스 산맥에서 발견된다. 검은목웻웻을 비롯한 꼬리세움새는 깃털이 칙칙하고 수줍음이 많은 행동을 보여서 현지인도 거의 알아차리지 못한다. 내성적인 태도에 걸맞게 검은목웻웻은 주로 빽빽한 초목을 벗어나지 않는다. 먹이를 찾는 동안에는 숲 바닥을 천천히 거닐고 낙엽을 쪼거나 나뭇가지와 이파리를 뒤적이며 발로 땅을 긁는다. 대부분 곤충을 먹지만 일부 씨앗과 작은 과실류도 먹는다.

검은목웻웻은 반복적으로 '후우' 하고 공허한 소리를 연달아내는데 6~8초 정도 지속된다. 이와 다르게 '웍' 하는 소리도 연달아서 내는데, 조금 더 길게 '웍-웍-웍-웍-웍-웍-우' 하고 점점 음을 떨어뜨리며 내기도 한다. '웻웻'이라는 이름은 검은목웻웻이 자주 내는 울음소리 중 하나를 딴 이름인데, 마치 크게 '훳!' 또는 '웻!' 하는 소리로 들리며, 대체로 한 번에 두 번씩 또는 서너 번씩 내뱉는다.

평원땅발발이|Chaco Earthcreeper

학명: 우푸케르티아 케르티오이데스(*Upucerthia certhioides*)

평원땅발발이 수컷의 노랫소리

색이 어둡고 몸집이 조그만 땅발발이는 남아메리카 중부와 남부, 특히 안데스 지역에 산다. 평원땅발발이를 비롯해 땅발발이는 대부분 부리가 길고 아래로 휘어졌다. 이름에서 알 수 있듯이 주로 땅에 사는 편이다. 평원땅발발이는 파라과이, 볼리비아, 아르헨티나 북부와 중부이 일부 지역에만 서식하는데, 잎이 떨어지는 낙엽성 산림과 아르헨티나 북부의 '대평원(Chaco)', 덤불이 많은 건조한 곳에 산다. 대체로 쉽게 눈에 띄지 않고, 혼자 또는 짝을 지어 먹이를 찾는다. 주로 땅 또는 나무, 덤불 아랫부분에 보이는 곤충을 먹는다.

땅발발이 중 몇몇 종은 다소 비슷하게 생겼지만, 새를 관찰하는 사람들은 대개 소리로 구분한다. 평원땅발발이는 '치이' 또는 '치퀴' 하는 큰 소리를 잇달아 내는데 대체로 약간 음을 떨어뜨리면서 '치이-치이-치이-치이-치이-츄우' 하고 노래 부른다.

큰부리신클로드 Stout-billed Cinclodes

학명: 킹클로데스 엑스켈시오르 *(Cinclodes excelsior)*

큰부리신클로드가 콧소리로 '키이우' 하고 흔히 우는 소리

큰부리신클로드는 곤충을 주식으로 하는 많은 화덕딱새류(ovenbird)의 새들 중에서 평범한 갈색의 외형을 가진 새로서, 멕시코 남부에서 남아메리카 남부에 걸쳐 있는 에콰도르와 콜롬비아의 안데스 산맥에만 산다. 고도가 매우 높은 초원과 덤불 서식지에 자리를 잡는데, 대개 습지 근처에 서식한다. 기운차 보이는 큰부리신클로드는 땅에서 시간을 많이 보내며, 곤충과 거미, 일부 씨앗류를 비롯해 때때로 작은 개구리 같은 먹이를 찾는다. 가끔은 키 작은 덤불이나 나무에 앉아 있기도 한다. 거의 대부분 혼자 다니거나 짝을 지어 생활한다.

큰부리신클로드 수컷은 '트르르르르르릿!' 하고 음을 떨며 끝이 올라가게 노래를 부른다. 수컷은 노래를 부르다가 종종 멈추고는 자신의 모습이 드러나게 높은 곳에 앉아서 날개를 퍼덕이며 뽐낸다. 날카로운 콧소리로 '키이우' 또는 '드루웃' 하고 짧게 울기도 한다.

마토그로소개미새 Matto Grosso Antbird

학명: 케르코마크라 멜라나리아(Cercomacra melanaria)

'케-께에에에르끅' 하는 영역을 주장하는 대표적인 노랫소리

마토그로소개미새는 몸집이 작고 몸체는 어두운 색이나 하얀 표시가 나 있다. 폴짝 뛰어 오르기도 하고, 남아메리카 중부의 숲속에 있는 그늘진 포도 덩굴 사이를 파닥파닥 날아 다닌다. 볼리비아 삼림지대, 브라질 남서부, 파라과이 북부에서 발견되는데, 대개 습지 근처에 서식한다. 개미새류는 아메리카 열대지역의 텃새로 습성 때문에 개미새라는 이름이 붙었다. 이들은 군대개미 떼를 따라다니다가 개미 떼를 피하려고 숨었던 곳에서 급히 도망치는 곤충을 잡아먹지만, 마토그로소개미새는 이런 식으로 먹이를 찾으려고 개미 떼를 따라다니지 않는다. 대신에 짝을 짓거나 가족끼리 소규모로 무리를 이루어 덤불 사이를 지나다니며 땅 가까이에 숨어 있는 곤충과 거미를 찾는다. 수컷은 하얀 점이 있는 검은색을 띠고, 암컷은 회색을 띤다.

마토그로소개미새는 대개 소리가 꽤 크다. 이 새의 주된 서식지를 방문하면 노랫소리와 신호소리가 자주 들린다. 노랫소리가 독특한데, 목을 굵거나 윙윙거리는 소리로 상당히 천천히, 침착하게 '케-케에에에르끅, 케-케에에에-끽, 께-께에에에' 하고 노래한다. 수컷과 암컷이 함께 노래하며, 암컷이 살짝 더 높은 음으로 부른다. 때로는 수컷과 암컷이 서로 번갈아가며 듀엣으로 부르기도 한다.

흰종소리새 White Bellbird

학명: 프로크니아스 알부스(Procnias albus)

흰종소리새가 종소리처럼 멋지게 부르는 노래

흰종소리새라는 이름이 잘 어울리는 남아메리카 북서부 지역의 새다. 몸집이 중간 크기로 새하얗고, 부리 옆에 희한하게 생긴 볏이 있다. 정말 종처럼 소리를 내는 것은 어두운 초록빛을 띤 암컷이 아니라 흰색의 수컷인데, 부리 아래로 길고 통통한 볏이 늘어져 있다. 흰종소리새 수컷이 울 때 볏이 양옆으로 흔들리는데, 이는 분명 뽐내는 행동이다. 열대우림의 나무 위쪽에서 살기를 좋아하는 흰종소리새는 열매를 먹는다고 알려진 라틴아메리카 망토새류(continga)에 속하는 종이다. 실제 특정 열매만 먹는데, 이는 다른 새들에게서는 보기 어려운 특징이다. 입이 매우 커서 큰 열매도 통째로 먹을 수 있다.

여러 종류의 종소리새 중에서 오직 흰종소리새만이 실제로 종이 울리는 소리와 비슷하게 운다. 가장 자주 내는 울음소리는 먼 거리를 여행할 때, 정말 크고 날카롭게 '딩-동!' 또는 '콩-케이!' 라고 들린다. 아름답게 '두이-이이이잉' 또는 '두잉 두잉' 하면서 길게 늘이는 소리도 있다.

자색망토새 Pompadour Cotinga

학명: 크시폴레나 푸니케아(*Xipholena punicea*)

망토새 암수가 '펏' 하고 크게 우는 소리

망토새는 열매를 먹는 숲새로 그중 몇몇 종은 남아메리카와 중앙아메리카에서 가장 화려한 동물에 속한다. 자색 망토새도 당연히 이 희귀한 무리에 속한다. 수컷은 빛나는 보라색 또는 자줏빛을 띠며 날개는 밝은 하얀색이다. 그래서 아마존 열대우림 서식지의 푸르른 나무 위쪽과 대비되어 바로 눈에 띈다. 암컷은 수컷만큼 화려하지 않으며 대부분 거무스름한 회색빛을 띤다. 자색망토새는 숲의 빽빽한 나무 위쪽과 일부 삼림지대를 좋아한다. 그곳에서 주로 야자나무와 무화과나무 종류에서 나는 열매를 다양하게 먹으며, 몇몇 곤충도 먹는다.

자색망토새의 소리 연구가 완전하지는 않지만, 수컷이 큰 소리로 꺽꺽 소리 지르며 기계처럼 덜거덕덜거덕 소리를 낸다고 알려졌다. 새된 소리를 들었다는 사람들도 있다. 암수 모두 크게 '펏' 하고 우는 소리를 낸다.

가이아나접시머리새 Guianan Cocks-of-the-rock

학명: 루피콜라 루피콜라(Rupicola rupicola)

가이아나접시머리새 수컷 여러 마리가 아마존의 공동구혼장에서 우는 소리

가이아나접시머리새 수컷은 머리깃이 크고 풍성하며 아주 진한 주황색을 띠는 새로 남아메리카 우림에서 가장 눈부신 색으로 유명하다. 이 화려한 중간 크기의 새는 땅속 암석이 툭 튀어나온 바위 가까이에 3~5마리 내외가 무리를 짓고서, 짝을 찾으러 오는 암컷을 기다린다. 보통 같은 무리가 같은 장소에 몇 년 동안, 심지어 몇 십년 동안 나타나는데 이 장소를 '레크(lek, 공동구혼장)'라고 부른다. 짙은 밤색을 띠는 암컷은 이곳에 들어가서 짝을 이룰 수컷을 결정한 뒤 수컷과 함께 둥지를 틀기 위해 떠난다. 가이아나접시머리새는 오직 남아메리카 북부에만 살고 열매와 곤충을 먹는다.

수컷은 레크에서 경쟁자 수컷에 공격적인 행동을 보이며 크게 울부짖는데, '카-크로우!' 하는 소리가 단호하다. 가이아나접시머리새가 먹이를 찾는 동안에는 대체로 '와-오우' 하는 독특한 소리를 낸다.

도가머리무희새 Helmeted Manakin

학명: 안틸로피아 갈레아타(Antilophia galeata)

도가머리무희새 수컷이 부르는 아름다운 노래

도가머리무희새는 브라질 중부 내륙과 볼리비아, 파라과이가 맞닿은 일부 지역에 사는 토종 새로서, 이마에 머리깃이 솟아 있다. 대체로 늪이 많은 삼림지대, 물가의 숲, 키가 작은 초목이 빽빽한 곳처럼 사람들의 눈에 띄지 않는 서식지에 산다. 아메리카 대륙에 사는 무희새는 대개 몸집은 작지만 다부지며 여러 가지 특색 중에서도 밝은 색을 띠는 새로 유명하다. 수컷은 눈에 띄는 표시가 있는데, 이마, 머리깃, 정수리와 등이 새빨개서 새까만 몸체와 대비를 이룬다. 암컷은 전체적으로 진녹색이며 머리깃이 수컷보다는 작다. 도가머리무희새는 나는 동안 나무 열매와 날아다니는 곤충을 먹는다.

도가머리무희새는 눈에 띄기보다 울음소리가 훨씬 더 자주 들린다. 수컷은 듣기 좋은 소리를 풍성하게 연달아 내는 독특한 노랫소리로 운다. '휩-딥, 휘-데-데-데흐디-딥' 하고 들리는 '흥겨운 리듬'으로 묘사되는 노래를 부른다. 목이 쉰 듯 '우리이 퍼르'하고 첫 마디 음을 올리며 암수가 함께 자주 운다.

넓적부리아메리카딱새Boat-billed Flycatcher

학명: 메가링쿠스 피탕과(*Megarynchus pitangua*)

넓적부리아메리카딱새가 먹이를 찾으며 크고 수다스럽게 내는 소리

아메리카딱새류는 남아메리카 토종 새로 서로 비슷하게 생겼지만, 넓적부리아메리카딱새는 크고 넓적한 부리로 바로 알아볼 수 있다. 눈에 띄는 외모의 이 새는 멕시코에서 브라질 남부까지 넓게 퍼져 있고, 개체 수가 그리 많지는 않지만, 눈에 자주 띈다. 나뭇가지에 앉아 먹이를 유심히 살피며 사냥을 한다. 주로 매미 같은 큰 곤충을 먹으며, 갑자기 휙 날아올라 나뭇잎에서 먹이를 낚아챈다. 주로 짝을 짓거나 작은 무리를 이루어 나무가 우거진 곳에 서식한다. 숲 가장자리나 나무가 드문드문 있는 빈터처럼 앞이 조금 트인 곳을 좋아하는 듯하다.

넓적부리아메리카딱새는 다양한 소리를 내는데, 모두 소리가 크고 거칠다. 수다스럽게 '케르, 케르르, 케르' 하는 소리, 콧소리로 '에흐, 에흐 키디릭' 하는 소리를 비롯해 '퀴이-지카 퀴이-지카' 하는 대개 걸걸한 울음소리를 낸다.

긴꼬리아메리카딱새 Streamer-tailed Tyrant

학명: 구베르네테스 이에타파(*Gubernetes yetapa*)

구애할 때 부르는 '티위어-**티**-티어' 하는 노랫소리

남아메리카 중부에서 가장 멋진 아메리카딱새는 연한 회색빛을 띠는 긴꼬리아메리카딱새다. 이 새는 물가를 좋아해 습지와 냇가, 습한 초원을 자주 돌아다닌다. 덤불이나 키 작은 나무 주위의 곤충을 잡으려고 반복해서 날아오른다. 물 위나 습지 식물로 쏜살같이 내려가는 경우도 있다. 암수 모두 꽁지가 길고 깊게 갈라졌지만, 암컷의 꽁지가 수컷보다 살짝 짧다. 볼리비아와 브라질 남부에서 아르헨티나 북부에 이르는 지역에 퍼져 있다.

긴꼬리아메리카딱새가 구애하는 행동은 아주 굉장하다. 한 쪽이 상대방 위에 앉아서 날개를 퍼덕이며 신나게 휘파람 소리를 '티위어-**티**-티어' 하고 여러 번 낸다. 그러면 상대방은 '티-위틀, 티-위틀' 하고 지저귀며 응답한다. 큰 소리로 거칠게 '휘-어트! 위어트!' 또는 '쉬리윕!' 하고 울기도 하고, 때때로 반복해서 작은 소리로 '주-주-주' 하며 이어 부르기도 한다.

더벅머리어치 Plush-crested Jay

학명: 키아노코락스 크리솝스(Cyanocorax chrysops)

시끄럽게 지저귀는 더벅머리어치의 흔한 울음소리

더벅머리어치는 외모가 호리호리하며 확 눈에 띈다. 숲에 사는 어치로 브라질 중부에서 아르헨티나 북부에 걸쳐 퍼져 있다. 외모가 독특한데, 색은 보랏빛이 도는 파랑과 검정, 그리고 크림색이 어우러져 굉장히 매력적이다. 정수리는 빳빳하게 선 깃털이 두툼하게 머리 위 '쿠션'을 만든다. 게다가 최대 10~12마리까지 무리를 지어 다니면서 함께 먹이를 찾고 꽤 요란한 소리를 내는 덕분에 대개 뚜렷하게 알아볼 수 있다. 나무 사이를 활발하게 이동하면서 대체로 크게 소리를 내는데, 높은 곳에서 낮은 곳으로 폴짝 뛰어내리면서 나뭇잎 위나 나뭇가지에 달린 먹이를 찾는다. 때때로 먹이를 찾으러 땅 바닥까지 내려오기도 한다. 더벅머리어치는 곤충, 거미, 열매, 작은 과실류를 비롯해 작은 새의 알과 새끼까지 다양하게 먹는다. 이렇게 외모가 멋진 더벅머리어치는 때때로 과수원과 농장, 농사를 짓는 다른 지역을 찾아가서 사람들이 먹다 남긴 탁자 위 음식을 가져올 만큼 대담하다.

대부분의 어치처럼 더벅머리어치는 듣기 싫은 울음소리를 크고 다양하게 늘어놓는다. 가장 자주 우는 소리로는 '초-초-초' 하는 소리가 있다. 흔히 '이욕크-이요크-이요크' 하고 울리는 소리, '커-커커' 하는 쇳소리, 그리고 다양하게 꺽꺽거리거나 목을 울리는 소리도 낸다. 더벅머리어치는 멋진 흉내쟁이다. 나른 새의 소리를 똑같이 따라 하거나 심지어 주변에 사는 원숭이 같은 포유동물의 소리도 따라 할 수 있다.

긴굴뚝새Thrush-like Wren

학명: 캄필로르힝쿠스 투르디누스(*Campylorhynchus turdinus*)

긴굴뚝새의 대표적인 보글거리는 노랫소리

꽁지가 긴 긴굴뚝새는 주로 빽빽한 나뭇잎 사이에 몸을 숨긴 채 시간을 보낸다. 그런데도 남아메리카의 아마존 지역을 방문한 사람들은 종종 평범하게 생긴 굴뚝새를 발견한다. 왜냐하면 이 지역에서 가장 독특하고 귀가 번쩍 뜨이는 소리를 내기 때문이다. 영어 이름에 '지빠귀를 닮았다(Thrush-like)'고 표현한 이유는 아마도 보통 굴뚝새가 작은데 반해 이 새는 지빠귀처럼 몸집이 조금 더 크기 때문일 것이다. 긴굴뚝새는 콜롬비아 남부에서 볼리비아를 거쳐 브라질 남부에 이르는 습한 숲과 삼림지대에 서식한다. 대개 짝을 이루거나 최대 8마리 정도 작은 무리를 지어 시간을 보내며, 덩굴로 둘러싸인 나무를 여기저기 돌아다닌다. 보통 나무 위쪽으로 올라가서 곤충이나 다른 먹이를 찾는다. 긴굴뚝새는 두 가지 색 중 하나를 띤다. 아마존 지역에 사는 새는 갈색에 점이 있고, 브라질 남부의 판타나우 지역 토종인 긴굴뚝새는 회색과 흰색으로 점이 없다.

긴굴뚝새는 복잡한 이중주를 크게 부르는데, 대체로 나뭇잎 사이의 깊숙한 곳에서 소리가 터져나온다. 노랫소리에서는 '피오피오피오피오', '피오-도-도-칫' 그리고 '피오, 피오, 치오 초초초 초오-' 하는 부분이 자주 들리며, 각각의 소리가 여러 번 반복될 수도 있다. 대체로 보글보글 하고 부르는 노래는 특히 귀청이 찢어질 듯 멀리 퍼져 나간다. 또 다른 소리로는 '요크-글록-글록-글록' 하고 살짝 음을 높여서 이어 부른다.

잿빛머리매부리비레오Slaty-capped Shrike-Vireo

학명: 비레올라니우스 레우코티스(Vireolanius leucotis)

잿빛머리매부리비레오가 '티이어' 하고 반복해서 내는 노랫소리

대부분 칙칙한 색을 띠며 몸집이 작은 비레오는 아메리카 대륙 숲속의 나무 위쪽을 촐랑촐랑 돌아다니며 잡아먹을 곤충을 찾는다. 잿빛머리매부리비레오는 이런 일반적인 설명에 잘 들어맞는다. 청회색과 금색 무늬가 뚜렷한 머리를 뽐내는 게 다를 뿐이다. 남아메리카 북부와 중부이 몇몇 지역에 나타나는데, 보통 습한 숲속, 나무 위쪽 높직이 머무르기 때문에 땅에서는 언뜻 보기도 쉽지 않다. 새를 관찰하는 사람들은 대개 잿빛머리매부리비레오가 혼자 있거나 짝을 지어 다니는 모습을 본다. 하지만 특이하게 다른 종과 함께 무리를 이루기도 하고, 특히 풍금조와 함께 무리를 이루어 매일 먹이를 찾아 나서기도 한다.

다른 비레오처럼 잿빛머리매부리비레오도 끊임없이 노래를 부르지만 의외로 단조롭다. 1초에 한 번씩 '티이어' 하고 멀리 퍼져 나가는 소리를 반복하면서 대체로 오래오래 부른다.

풀빛풍금조Grass-green Tanager

학명: 클로로르니스 리에페리이(*Chlorornis riefferii*)

풀빛풍금조가 '엥크' 하고 반복해서 내는 소리

풍금조는 아메리카 대륙에 사는 고운 소리로 우는 몸집이 작은 새이자, 다양한 색으로 유명하다. 풀빛풍금조는 이름에 걸맞게 깃털은 강렬한 초록빛이며 부리와 다리는 다홍색이다. 다른 풍금조와 거의 헷갈릴 리가 없다. 콜롬비아와 볼리비아에 걸친 안데스 산맥 중턱의 경사면에 있는 숲과 삼림지대에 서식한다. 풀빛풍금조는 사람들이 관찰하는 동안에도 나무 아래쪽에 머무를 만큼 사람을 피하지 않는 새다. 3~8마리 정도가 작은 무리를 지어 다니며, 곤충과 열매, 작은 과실류를 비롯해 가끔 땅속에 사는 벌레도 먹는다.

풀빛풍금조는 갑자기 콧소리로 '엥크' 또는 '엑' 하는 울음소리를 매우 자주 낸다. 때때로 수다스럽게 이 소리를 빠르게 반복하기도 한다. 풀빛풍금조의 노래는 대체로 새벽녘에 들린다. '엥크' 하고 한두 번 울면서 시작한 노래는 거칠게 끽끽거리는 소리를 연달아 내며 계속 이어진다.

검은머리갈대새Black-capped Donacobius

학명: 도나코비우스 아트리카필라(Donacobius atricapilla)

,

검은머리갈대새 암수가 함께 부르는 노래

검은머리갈대새는 오랫동안 어떤 분류에 속하는지 명확하게 판단하지 못하는 수수께끼의 새로 간주되어 왔다. 몸집, 긴 꽁지, 튼튼한 다리와 외향적인 성격 때문에 흉내지빠귀류(mockingbird)로 생각한 적도 있었다. 최근의 신중한 연구 덕분에 현재는 많은 연구자들이 이 독특한 새가 굴뚝새류(wren)라고 인정하지만, 이 결과는 또 바뀔 수도 있다. 검은머리갈대새는 검은색, 초콜릿 같은 갈색과 엷은 노란색이 뚜렷하게 나뉜 옷을 맵시 있게 차려입은 듯하다. 고운 소리로 우는 이 새는 남아메리카 북부와 중부 대부분 지역에 살고, 습지대에 있는 나무와 풀, 호수나 유유히 흐르는 강 근처의 풀이 우거진 지역에 서식한다. 보통 키가 큰 풀의 꼭대기에 짝을 이루거나 작은 가족 단위로 앉아 있는 모습이 눈에 띈다. 곤충과 다른 작은 무척추동물을 잡아먹는다.

갈대새는 습지에 난 풀 위에 암수가 서로 가까이 앉아서, 고개를 까닥거리고 꼬리를 흔들면서 함께 큰소리로 노래를 부른다고 알려졌다. 한쪽이 '치르' 하고 소리를 내면, 다른 쪽인 '퀴이아' 하고 운다. '쿠잇-쿠잇-쿠잇' 또는 '후잇-후잇-후잇' 하고 큰 소리로 울거나, 거칠게 '찌이야아' 하고 울기도 한다.

오색풍금조 Paradise Tanager

학명: 탕가라 킬렌시스(*Tangara chilensis*)

화려한 오색풍금조의 흔한 울음소리

몸집이 아담하고 알록달록한 오색풍금조는 라틴어 학명에 '칠레의(chilensis)'라는 뜻이 담겨 있지만, 실제로는 칠레에 퍼져 있지는 않고, 콜롬비아와 베네수엘라부터 남쪽으로 이어진 브라질과 볼리비아 북부에 걸쳐 서식한다. 아마존 숲에 사는 새로, 종종 나무의 중간 이상 높이에서 더 높은 나무 위쪽 사이에 숨어 있다. 새를 좋아하는 사람들은 오색풍금조의 눈부신 연두색 머리와 비늘처럼 생긴 머리깃털, 그리고 다양한 색상 변이에 주목한다. 일부 지역에서는 등 아래에서 엉덩이까지 강렬한 빨간색을 띠고, 다른 지역에서는 엉덩이가 밝은 노란빛이 도는 주황색을 띤다. 오색풍금조는 나무 위쪽으로 올라가서 열매와 곤충을 찾는다. 보통 5~10마리가 다른 풍금조 종과 무리를 지어 먹이를 먹는다.

오색풍금조는 종종 높은 음으로 휘파람 같은 '시짓' 또는 '칠립' 하는 소리를 낸다. 종종 '칩' 하는 음을 빠르게 반복해서 '칠립 칩 칩' 하고 운다. 오색풍금조의 노랫소리는 '착' 그리고 '지이' 하는 소리가 섞이기도 하는데, 마치 '촉, 지이- 촉, 지이-' 또는 '지이- 촉, 촉, 촉' 하고 들린다.

풀빛오로펜돌라Olive Oropendola

학명: 프사로콜리우스 이우라카레스(*Psarocolius yuracares*)

풀빛오로펜돌라 수컷이 뽐내며 부르는, 물이 콸콸 쏟아지는 듯한 노랫소리

남아메리카 아마존 지역을 방문해 새를 관찰하려는 사람들은 누구나 항상 오로펜돌라를 본다. 나무 꼭대기 사이를 날아다니는 모습을 쉽게 볼 수 있는데, 이는 몸집도 크고 눈에 띄게 두드러진 모습으로 대개 작은 무리를 지어서 다니기 때문이다. 풀빛오로펜돌라는 몸길이가 50㎝ 정도까지 자라는데, 오로펜돌라 중에서 가장 크다. 또한 몸체는 황록색과 밤색을 띠고, 깃털이 없는 얼굴은 분홍색이며 꽁지는 노란색을 띠는 가장 아름다운 새 중 하나이다. 대개 숲과 숲 가장자리의 높은 나무 위쪽에 나타나서 곤충과 작은 동물을 비롯해 작은 열매를 찾아 먹는다. 콜롬비아와 베네수엘라에서 남쪽으로 이어진 브라질 중부에까지 퍼져 사는 풀빛오로펜돌라는 10~15쌍이 모이는 작은 번식지를 꾸린 뒤 길게 늘어뜨린 바구니 모양의 둥지를 튼다. 오로펜돌라가 사는 지역에는 키가 큰 나무가 높이 뻗어낸 나뭇가지에 이 새의 특이한 둥지가 매달려 있다.

구애 행동을 하는 동안 풀빛오로펜돌라 수컷은 물이 콸콸 쏟아지는 듯한 소리로 크게 노래를 부른다. 탁탁 부딪히는 소리나 긁는 소리로 시작해서 대체로 채찍 같은 소리로 끝낸다. '크-르-르-르-르-휘-히이이오옵', '떽-떽-엑-엑-엑-엑-우-구룹!' 또는 '프수**이-오**, 오, 오, 오, 오, 오, 오, 오.' '착' 하는 소리로 가장 자주 울고, 나는 중에는 흔히 '드왓' 하고 내뱉기도 한다.

베네수엘라떼꾀꼬리Venezuelan Troupial

학명: 익테루스 익테루스(*Icterus icterus*)

떼꾀꼬리 수컷이 영역을 알리며 내는 영어 이름(troupial) 발음과 비슷한
'뚜릅-삐알' 하는 노랫소리.

베네수엘라떼꾀꼬리는 주황색, 검은색, 흰색이 어우러진 아름다운 신대륙꾀꼬리(ori-ole)로 아메리카 대륙에 사는 신대륙찌르레기사촌류(blackbird)에 속하는 새다. 남아메리카 북부와 서인도 제도 일부 지역에도 서식하는데, 사람들이 처음 베네수엘라떼꾀꼬리를 이 지역으로 들여왔다고 알려졌다. 서식지는 더 건조하고, 나무가 성기게 자라는 대초원처럼 반쯤 트인 곳이지만, 숲이 있는 지역에서도 일부 발견된다. 베네수엘라떼꾀꼬리는 주로 곤충을 먹지만 열매도 엄청 많이 먹는다. 보통 짝을 짓거나 작은 가족 단위로 먹이를 찾는다. 나무나 낮은 덤불에서 폴짝 뛰어올라 먹거나, 때로는 땅으로 내려와 떨어진 나무 열매를 마음껏 먹기도 한다. 베네수엘라는 이 새를 국조로 삼는데, 아마도 눈에 띄게 눈부신 색감과 매력적인 소리 때문일 것이다.

수컷이 주로 큰 소리로 반복해서 부르는 노래는 아마도 세력권을 주장하는 기능이 있는 듯하다. 크게 휘파람 소리로 연주하는 음악은 '치어-토, 티-우' 또는 '트리-트러' 하는 소리로 이루어진다. 8~10번 정도 이 소리를 연달아 천천히 반복하다가 다른 음으로 바꾼다. '뚜릅, 뚜릅' 또는 '뚜릅-삐알, 뚜릅-삐알, 뚜릅-삐알' 하고 들릴 때도 있다. 베네수엘라떼꾀꼬리는 명랑한 노랫소리 덕분에 애완 조류로 인기가 있다.

홍관조Red-crested Cardinal

학명: 파로아리아 코로나타(*Paroaria coronata*)

홍관조가 부르는 듣기 좋은 노랫소리

홍관조는 남아메리카 남부와 아르헨티나 대부분 지역에서 계절에 따라 여럿이서 무리를 지어 산다. 머리깃이 솟은 멋진 외모에 키 작은 나무가 자라는 탁 트인 지역과 산림을 선호하고, 땅에서 먹는 버릇 때문에 많은 사람들이 이 새를 찾아 감상할 수 있다. 번식기에는 대개 강가나 다른 물가에서 짝을 짓거나 작은 무리로 어울려 다닌다. 번식기가 아닐 때는 대부분 씨앗류와 곡류를 먹고, 큰 무리를 짓고는 한다. 암수가 서로 비슷하게 생겼지만 빨갛게 솟은 수컷의 깃이 암컷보다 보통 더 선명하다.

홍관조는 풍성한 선율의 노래를 부른다. 짧게 끊어지는 휘파람 소리를 아주 다양하게 섞어서 꽤 천천히, 느릿한 속도로 노래를 부른다. 새를 관찰하는 사람들은 이 노래를 '듀-듀에-더-듀-디어', '위릿, 쿠릿, 위어, 추릿', '실렙-줍, 실렙-줍'으로 들린다고 묘사한다. 부드럽게 '윗' 하는 소리와 거칠게 '치립' 하는 간결한 울음소리도 있다. 홍관조가 사는 지역에서는 아름다운 노랫소리 덕분에 애완 조류로 인기가 있다. 그 때문에 홍관조를 잡는 사람이 많아져서, 현재 일부 지역에서는 모습을 보기가 어렵다.

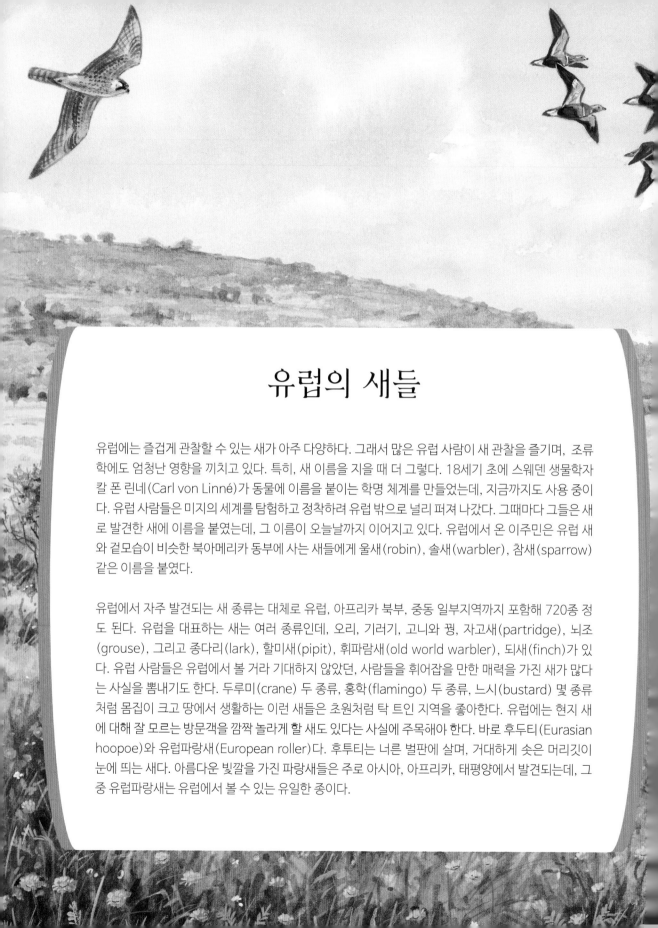

유럽의 새들

유럽에는 즐겁게 관찰할 수 있는 새가 아주 다양하다. 그래서 많은 유럽 사람이 새 관찰을 즐기며, 조류학에도 엄청난 영향을 끼치고 있다. 특히, 새 이름을 지을 때 더 그렇다. 18세기 초에 스웨덴 생물학자칼 폰 린네(Carl von Linné)가 동물에 이름을 붙이는 학명 체계를 만들었는데, 지금까지도 사용 중이다. 유럽 사람들은 미지의 세계를 탐험하고 정착하려 유럽 밖으로 널리 퍼져 나갔다. 그때마다 그들은 새로 발견한 새에 이름을 붙였는데, 그 이름이 오늘날까지 이어지고 있다. 유럽에서 온 이주민은 유럽 새와 겉모습이 비슷한 북아메리카 동부에 사는 새들에게 울새(robin), 솔새(warbler), 참새(sparrow)같은 이름을 붙였다.

유럽에서 자주 발견되는 새 종류는 대체로 유럽, 아프리카 북부, 중동 일부지역까지 포함해 720종 정도 된다. 유럽을 대표하는 새는 여러 종류인데, 오리, 기러기, 고니와 꿩, 자고새(partridge), 뇌조(grouse), 그리고 종다리(lark), 할미새(pipit), 휘파람새(old world warbler), 되새(finch)가 있다. 유럽 사람들은 유럽에서 볼 거라 기대하지 않았던, 사람들을 휘어잡을 만한 매력을 가진 새가 많다는 사실을 뽐내기도 한다. 두루미(crane) 두 종류, 홍학(flamingo) 두 종류, 느시(bustard) 몇 종류처럼 몸집이 크고 땅에서 생활하는 이런 새들은 초원처럼 탁 트인 지역을 좋아한다. 유럽에는 현지 새에 대해 잘 모르는 방문객을 깜짝 놀라게 할 새도 있다는 사실에 주목해야 한다. 바로 후두티(Eurasian hoopoe)와 유럽파랑새(European roller)다. 후투티는 너른 벌판에 살며, 거대하게 솟은 머리깃이 눈에 띄는 새다. 아름다운 빛깔을 가진 파랑새들은 주로 아시아, 아프리카, 태평양에서 발견되는데, 그중 유럽파랑새는 유럽에서 볼 수 있는 유일한 종이다.

큰홍학Greater Flamingo

학명: 포이니콥테루스 로세우스(Phoenicopterus roseus)

큰홍학 무리가 날면서 콧소리처럼 내는 울음소리

🐦 우리나라에서 볼 수 있다.

새에 관심 있는 사람은 독특한 분홍색을 띠고 꼿꼿하게 서 있는 새를 보면 바로 홍학이라고 알아차린다. 홍학은 전 세계에 모두 5종이 있는데, 큰홍학은 이 중에서 가장 큰 종으로 보통 간단하게 '홍학'이라고 부른다. 이 우아한 새는 키가 약 1.4m 정도까지 자라고, 대개 짠 바닷물이 섞여 있는 석호(潟湖)나 내륙의 알칼리성 호수에서 시간을 보낸다. 홍학은 걸러서 먹는 '여과 섭식'으로 유명하다. 부리를 바닥에 댄 채로 물속에서 머리를 아래위로 흔들면서 물과 진흙을 마시는데, 빗살모양의 부리 여과기로 찌꺼기를 걸러내고 아주 작은 무척추동물을 먹는다. 심지어 연체동물, 갑각류, 곤충, 벌레도 먹고, 씨앗류 일부와 썩어가는 낙엽마저 먹는다. 큰홍학은 큰 무리를 이루어 먹이를 먹고 번식하는 매우 사교적인 새다.

큰홍학은 자주 큰 소리로 거위처럼 꽥꽥 울음을 내뱉는 시끄러운 새다. 다양한 소리를 크게 내는데, 큰 소리로 '꼬꼬' 하고 울거나 나팔소리를 내고, 낮게 끙끙 앓는 소리를 내거나 으르렁거린다. 어떤 소리는 무리를 모으는 역할을 하는 것 같다. 무리가 먹이를 먹을 때는 부드럽게 낮은음으로 '와글와글' 떠드는 소리를 내지만, 날 때는 콧소리로 꽥꽥거리는 소리를 낸다.

작은느시 Little Bustard

학명: 테트락스 테트락스(*Tetrax tetrax*)

작은느시 수컷이 번식기에 뽐내면서 내는 힘찬 울음소리

느시는 몸집이 크고 목과 다리가 긴 새로 보통 '사냥감 새(수렵조)'로 알려져 있다. 대다수 느시는 아시아와 아프리카에 퍼져 있지만, 꿩만큼 작은 크기의 작은느시를 포함한 2종은 유럽에도 서식한다. 스페인, 프랑스, 이탈리아 일부 지역에서 볼 수 있는 작은느시는 평평하고 탁 트인, 풀이 무성한 지역에 서식한다. 또한 목초지와 밭과 같은 농경지에도 산다. 작은느시는 사교적이고 호기심이 많아서 번식기가 아닐 때는 대체로 작은 무리를 이루고서 식물의 나뭇잎과 새싹, 씨앗, 꽃을 비롯해 곤충처럼 작은 무척추동물을 찾아 나선다. 작은느시 수컷은 번식기에 목 색깔이 검은색과 흰색으로 뚜렷하게 나뉘지만, 번식기가 아닐 때는 수컷도 암컷과 마찬가지로 목 색깔이 단조롭다.

작은느시는 다소 조용한 편으로 주로 번식기에 소리를 낸다. 가장 흔한 울음소리는 수컷이 구애 행동을 할 때이다. 땅에 발을 쿵쿵 구르며 가끔 낮게 뛰어오르기도 하고, 부드럽게 콧방귀 뀌는 듯한 '프르릇' 하는 소리를 몇 초마다 낸다. 땅에서나 공중에서나 수컷은 날개를 푸드덕거리며 '시시시시시' 하는 휘파람 소리를 내기도 한다. 암컷은 불안해지면 끽끽거리거나 '킥킥' 하는 소리를 내뱉는다.

큰기러기 Bean Goose

학명: 안세르 파발리스 (*Anser fabalis*)

큰기러기가 깍깍거리는 친숙한 소리

🐦 우리나라에서 볼 수 있다.

큰기러기는 겨울에 가끔 유럽 중부와 북부의 일부 지역을 방문한다. 겨울 동안 다양한 규모로 무리를 이루고, 습지와 농경지 같은 너른 땅에 서식하며 그곳에 남겨진 곡물, 콩과 옥수수, 감자를 먹는다. 대개 북극이나 북극과 가까운 위도에 있는 스칸디나비아와 아시아 북부의 호수, 강, 습지 근처에서 번식힌다. 번식기에는 야생초와 허브, 작은 과실류를 먹는다. 다른 기러기처럼 큰기러기도 평생 한 상대하고만 짝을 짓는 듯하다.

소리 표현은 기러기의 사회적 행동에 가장 중요한 부분을 차지하지만, 큰기러기의 소리는 잘 알려지지 않았다. 다양한 울음소리를 내는데, 콧소리로 크게 '꾸루, 꾸루' 또는 '곽– 곽– 곽' 하는 소리를 가장 자주 들을 수 있다.

큰뇌조Western Capercaillie

학명: Western Capercaillie

뇌조 수컷이 번식기에 스코틀랜드의 하일랜드에서 내는 소리

큰뇌조는 뇌조류(grouse)의 새 중에서 몸집이 가장 크고, 어쩌면 눈에 가장 잘 띈다. 뇌조류는 북반구에만 서식하고 몸집이 적당해서 사냥의 표적이 되었다. 큰뇌조는 서유럽부터 시베리아 일부 지역에 걸쳐 서식한다. 큰뇌조의 서식지였던 숲과 삼림지대가 파괴되고 바뀌어 지금은 보기기 힘들며, 과도한 사냥 역시 원인이기도 하다. 유럽에서는 스칸디나비아와 그 남쪽의 산악 지역에서 가장 개체 수가 많다. 다행스럽게도 큰뇌조를 보존하려는 노력으로 스코틀랜드처럼 과거에 살던 지역에서 이 새를 다시 들여오고 있다. 겨울에 솔잎, 식물의 새싹을 먹고, 여름에는 작은 과실류, 벼와 비슷하게 생긴 사초과의 식물이나 이끼를 먹는다.

큰뇌조 수컷은 새벽에 딸깍딸깍 소리, 탁탁 터지는 소리, 쉬익 거리는 소리로 길게 운다. 저녁에는 무리 지어 모였을 때, 수컷은 '코-크르으르크-코로흐' 하고 우렁차게 고함을 지른다.

쇠재두루미Demoiselle Crane

학명: 안트로포이데스 비르고(Anthropoides virgo)

쇠재두루미 한 쌍이 위험에 처했을 때 탁한 목소리로 짧게 끊어 내는 울음소리

🐦 우리나라에서 볼 수 있다.

유럽 사람들은 대부분 카리스마 넘치는 검은목두루미(Eurasian crane)를 알고 있으며, 이 새는 유럽 대륙의 거의 모든 지역에서 번식해 흔히 두루미라고 표현한다. 그러나 유럽에 사는 또 다른 두루미인 쇠재두루미를 알아보는 사람은 거의 없다. 쇠재두루미는 유럽에서는 거의 번식하지 않고, 유럽 동남부 끄트머리에 있는 흑해 주변에서만 모습을 드러낸다. 주로 회색과 검은색을 띠는 쇠재두루미는 세상에 존재하는 두루미 15종 중에서는 가장 작지만, 몸길이가 약 90㎝, 두 날개폭이 약 1.5~1.8m 정도 되는 몸집이 큰 새에 속한다. 이 새는 대초원 같은 서식지와 풀밭을 좋아한다. 보통 쉽게 날아서 갈 수 있는 거리의 시냇물과 호수 또는 다른 습지에 머물기도 하며, 때때로 농경지로 이동하기도 한다. 땅에서 풀씨를 비롯해 여러 씨앗류와 벌레, 딱정벌레 같은 큰 곤충과 도마뱀도 찾아 먹는다. 무리를 이루는 습성이 강해 겨울을 나는 아프리카, 인도, 중국에서는 때때로 수천 마리가 떼를 지어 앉아 있기도 한다.

쇠재두루미는 대개 낮은음으로 탁한 소리를 내며 운다. 날면서, 특히 먼 거리를 이동하는 동안에는 '그로 그로' 하는 소리를 낸다. 쇠재두루미는 먹이를 먹거나 다른 두루미를 만났을 때 낮게 가르릉거리는 소리를 낸다. 주변을 경계할 때는 탁한 목소리로 딱딱 끊어 내는 울음을 짧게 터뜨린다.

털발말뚱가리Rough-legged Buzzard

학명: 부테오 라고푸스(Buteo lagopus)

말뚱가리가 둥지를 지키면서 내는 아주 높고 날카로운 울음소리

우리나라에서 볼 수 있다.

털발말뚱가리는 유럽 북쪽에 서식하며 동물을 잡아먹는 포식성 새다. 대체로 스칸디나비아의 나무가 없는 '툰드라' 지역에서 번식하고, 드물게는 겨울에 서유럽과 중부 유럽 일부 지역을 방문하는 철새다. 아시아와 북아메리카 대륙에서 위도가 높은 지역에서도 번식하는데, 이곳에서는 털발수리(rough-legged hawk)라고도 불린다. 털발말뚱가리는 주로 낮에 사냥하는데, 때때로 해질녘에 탁 트인 지역이나 우거진 나무 사이에 있는 빈터에서 사냥을 하기도 한다. 날면서 먹이를 찾는 맹금류와 달리, 털발말뚱가리는 나뭇가지에 자리를 잡고 조용히 앉아서 먹이를 찾는다. 주로 작은 설치류로 들쥐, 나그네쥐, 생쥐를 먹고, 산토끼, 다람쥐, 때때로 작은 새도 먹는다. 들쥐와 나그네쥐는 매년 그 수가 엄청나게 달라지는데, 개체 수가 아주 적은 겨울에는 털발말뚱가리가 평소보다 남쪽으로 더 멀리 이동해서 다른 먹이를 찾는다. 그래서 겨울철에 먹이가 부족해지면 일부 유럽 지역에 모습을 드러내는데, 평소 거의 볼 수 없던 영국으로도 이동한다.

털발말뚱가리는 날카롭게 끼익 거리는 울음소리를 내는데 다른 수리과 맹금류의 소리와 비슷하다. 흔히 '키이이이이르', '피-유' 또는 '미아우우' 하고 우는데 대부분 날 때 내뱉는 소리다.

저온과 짧은 생장계절에 영향을 받아 나무가 잘 자라지 못하는 식생 형태.-옮긴이

래너매 (붉은머리매) Lanner Falcon

학명: 팔코 비아르미쿠스(Falco biarmicus)

래너매가 우는 날카롭고 새된 소리

래너매는 몸집이 크고 아름답지만 유럽에서는 보기 힘들다. 이탈리아의 시칠리아에만 대략 300쌍 정도가 번식하고, 동쪽으로 더 멀리 떨어진 중앙아시아와 아프리카에서 더 흔하다. 매들은 빠르게 날면서 새를 잡아먹는 육식성 새인데, 래너매는 작은 것부터 중간 크기까지의 새를 무척이나 재빠르게 잡는다. 특히 비둘기류와 메추라기류를 좋아한다. 나뭇가지에 앉아서 사냥을 할 때도 있는데, 쥐와 같은 설치류, 박쥐, 도마뱀, 곤충을 비롯해 새도 잡아먹는다. 때로는 쌍으로 물웅덩이나 다른 야생동물이 모이는 장소에 몸을 숨기고 있다가, 힘을 합쳐 먹이를 몰아서 쫓은 다음 잡아먹는다. 래너매는 지대가 낮은 사막부터 숲이 무성한 산등성이에 이르기까지 다양한 서식지에 사는데, 모두 탁 트이거나 나무가 살짝 우거진 사냥터가 주변에 있다.

래너매는 주로 번식기에 소리를 내고, 다른 때는 대체로 조용하게 모습을 드러낸다. 아주 날카롭게 '끼르으-끼르, 끼르으-르으' 또는 '치르으으으' 하는 소리로 자주 운다. 다른 울음소리로는 쉰 소리로 매우 빠르게 끽끽거리기도 한다. 래너매가 둥지 주변에서 경계할 때는 쉬지 않고 길게 '헥-헥-헥-헥-헥' 하는 소리를 내뱉는다.

검은배사막꿩 Black-bellied Sandgrouse

학명: 프테로클레스 오리엔탈리스(*Pterocles orientalis*)

검은배사막꿩이 날면서 '툿초르르르- 삣, 삣' 하고 흔히 우는 소리

과학자들은 사막꿩이 비둘기와 몹시 닮아서 비둘기류에 속한다고 생각한 적도 있고, 뇌조류로 분류하기도 했다. 최근 사막꿩 16종이 비둘기나 뇌조와 밀접한 관련이 없다는 논의가 있은 뒤에야 고유한 사막꿩류로 분류하게 되었다. 사막꿩은 덥고 건조한 환경에 사는 새로, 주로 아프리카와 남아시아에 있다. 검은배사막꿩도 예외 없이 이베리아 반도, 터키, 키프로스, 서아시아와 북아프리카의 일부 지역에 산다. 평평하거나 살짝 비탈진 건조한 초원과 반사막 지역▼을 좋아하는데, 대개 키 작은 식물이 드문드문 자라기도 하는 지역이다. 최근에는 덤불이 많은 목초지와 경작지 일부에서도 서식하기 시작했다. 작은 씨앗류와 일부 곡류도 먹어서 작물에 피해를 주는 동물로도 알려졌다. 사막꿩은 수렵동물로 흔히 사냥됨에 따라 일부 지역에서는 보기 힘들어졌으며, 스페인에서는 멸종우려▼▼ 범주에 속하는 종으로 여긴다.

검은배사막꿩은 날면서 가장 빈번하게 소리를 내는데, 떨리는 소리로 물이 보글보글 끓는 듯이 '툿초르르르- 삣, 삣' 또는 '추르르르레-카' 하고 운다. 때로는 높은음으로 '치이우' 하고 울면서 날아오르기도 한다.

▼사막과 초원 사이의 덜 건조한 지역.–옮긴이
▼▼세계자연보전연맹(IUCN)이 지정한 적색목록 범주 중 위급, 위기, 취약 범주를 합쳐서 멸종우려라 한다. 검은배사막꿩은 스페인에서만 멸종우려종으로 취급하고, 세계적으로는 관심대상으로 분류한다.–옮긴이

알락날개뻐꾸기 Great Spotted Cuckoo

학명: 클라마토르 글란다리우스(*Clamator glandarius*)

알락날개뻐꾸기 수컷의 대표적인 거친 울음소리

뻐꾸기는 세계 어디에서나 탁란이라는 독특한 번식 습성을 가진 새로 잘 알려져 있다. 알락날개뻐꾸기를 비롯한 뻐꾸기 종 대부분이 다른 종의 둥지에 알을 낳고 그 어미 새가 자기도 모르게 뻐꾸기 새끼를 키우게 한다. 알락날개뻐꾸기도 자신의 알을 키워줄 까마귀나 까치의 둥지를 찾는다. 스페인, 프랑스 남부, 이탈리아 서부, 터키, 키프로스, 아프리카 전역에서 발견되지만 그리 흔하지는 않다. 좋아하는 서식지는 소나무와 참나무가 드문드문 자라는 대초원과 올리브 과수원이다. 메뚜기, 흰개미, 나방, 특히 털이 많은 큰 애벌레 같은 곤충뿐 아니라 도마뱀도 먹는다. 뻐꾸기들은 종종 땅에서 뛰어다니며 먹이를 찾기도 한다.

뻐꾸기는 대부분 신경질적으로 큰 소리를 내는 시끄러운 새다. 뻐꾸기시계에서 나는 '쿡-꾸우' 하는 소리는 유럽에 사는 뻐꾸기의 울음소리를 흉내 낸 것이다. 알락날개뻐꾸기는 거칠게 끽끽거리며 우는데, 종종 음을 떨어뜨리고 박자를 빠르게 하면서 '가-가-가… 각-각-각… 꼬-꼬-꼬' 또는 '케르-케르-케-케-케-케' 하는 소리를 낸다. 불안할 때는 콧소리로 '케' 하며 짧게 운다.

후투티Eurasian Hoopoe

학명: 우푸파 에폽스(*Upupa epops*)

후투티가 '푸-푸-푸' 하고 부르는 친숙한 노랫소리

🐦 우리나라에서 볼 수 있다.

유럽에서 가장 독특한 새 중 하나인 후투티는 몸집이 중간 크기이며 넓은 평야에 산다. 후투티가 날다가 잠시 앉을 때 화려한 머리깃이 펼쳐지는 모습을 보면 시선을 빼앗길 수밖에 없다. 마찬가지로 길고 날카로운 부리와 선명한 색감도 후투티를 두드러져 보이게 한다. 후투티는 혼자 또는 짝을 이루어 초원과 큰 정원, 목초지, 포도 밭, 올리브나무 밭과 과수원에 서식한다. 보통 땅에서는 거미와 지네는 물론, 더 큰 곤충을 비롯해 작은 개구리와 도마뱀, 뱀도 잡아먹는다. 이 후투티와 외모가 비슷한 다른 후투티들도 아프리카와 아시아에서 발견된다.

후투티는 낮은음으로 빈 통을 울리는 듯한 노래를 부르는데, 그 소리는 '푸-푸-푸' 또는 '웁-웁-웁'처럼 병 입 구를 불었을 때 나는 바람 소리와 비슷하다. 불안해지면 '스차아흐' 또는 '스치어' 하고 시끄럽게 운다.

쇠오색딱다구리Lesser Spotted Woodpecker

학명: 덴드로코포스 미노르(Dendrocopos minor)

쇠오색딱다구리가 '피-피-피' 하며 반복해서 내는 울음소리

🕊 우리나라에서 볼 수 있다.

부리 끝부터 꼬리 끝까지 약 15㎝ 정도 되는 쇠오색딱다구리는 유럽에서 제일 작은 딱따구리다. 많은 지역에서 흔히 볼 수는 없지만, 유럽 대륙 대부분에 깃들여 살고, 동쪽으로 이어진 아시아로 가는 넓은 길에서도 발견된다. 부끄럼이 많은 쇠오색딱다구리는 숲과 삼림지대, 과수원, 공원, 그리고 나무로 가득한 정원에 산다. 보통 나무줄기와 더 작은 나뭇가지, 잔가지에서 곤충을 찾아 먹고, 숨어 있는 먹이를 잘 잡으려고 종종 거꾸로 매달리기도 한다. 애벌레는 쇠오색딱다구리가 여름에 가장 좋아하는 먹이지만 때때로 과일을 먹기도 한다.

쇠오색딱다구리는 자신의 영역을 주장하며 '키, 피' 또는 피잇' 하고 날카롭게 연이어 우는데, 끝으로 갈수록 속도가 느려지며 '피-피-피-피-피-피-피이-피이' 하고 운다. '픽' 또는 '칙' 하고 짧게 우는 소리도 있다.

유럽파랑새European Roller

학명: 코라키아스 가룰루스(*Coracias garrulus*)

유럽파랑새가 날면서 자기 영역을 알리며 내는 울음소리

생기 넘치는 색을 띠는 파랑새는 유라시아와 아프리카에 산다. 영어 이름 'roller'는 이 새가 화려한 곡예를 선보이기 때문에 붙여졌다. 파랑새는 자신의 영토에 침입한 적에게 공격적인 과시행동을 선보이기 위해 하늘 높이 솟아올랐다가 빙글빙글 돌며 바닥으로 날아내려 날개를 퍼덕이며 큰 소리로 울부짖는다. 땅 가까이에 와서는 낮게 수평으로 날다 다시 휙 날아오르며 이 과정을 반복한다. 유럽파랑새는 머리와 날개가 청록색이어서 다른 새와 착각할 수 없는 유럽에 퍼져 있는 유일한 파랑새로, 포르투갈과 스페인에서 터키에 이르는 지중해 지역에 산다. 대부분 건조하고 나무가 우거진 평지나 구릉에 서식하며, 숲의 가장자리, 과수원, 나무가 드문드문 자라는 농경지에서도 산다. 파랑새는 혼자서나 짝을 지어 죽은 나뭇가지나 전깃줄처럼 먹잇감을 살펴보기에 유리한 위치에 높직이 앉아 있는다. 이 새는 날아다니는 곤충을 비롯해 땅에 사는 작은 개구리, 도마뱀, 뱀과 생쥐 같은 동물도 먹이로 삼는다.

파랑새는 거칠고 공격적인 소리로, 때로는 까마귀 울음소리와 비슷하게 운다. 보통 '락-락-락' 또는 '끄-끄-끄-끄-끄-끄-끄-끄락-라' 하며 딱딱 부딪히는 소리처럼 들린다. 빙글빙글 돌며 날아내려오는 과시행동을 할 때는 '락-락-락-락-라르라르라르라르라르라르라르' 하고 길게 울음소리를 뽑아낸다.

목도리종다리Calandra Lark

학명: 멜라노코리파 칼란드라(Melanocorypha calandra)

목도리종다리 수컷이 암컷을 유혹할 때 날면서 뽐내는 노랫소리

목도리종다리는 종다리류(lark)의 대표적인 새로 위장술이 아주 뛰어나다. 땅에서 주로 생활하고 서식지로 너른 평야를 좋아한다. 유럽 남부에 살고, 중동부 아프리카와 북아프리카에서도 서식하며 초원과 고도가 높은 지역의 너른 벌판(고원), 탁 트인 농경지에 산다. 유명한 유럽종다리(European lark)를 비롯해 유럽에 사는 여러 종다리류와 비슷하지만, 목도리종다리는 가슴 옆쪽에 검은 무늬가 있어 구별할 수 있다. 목도리종다리는 혼자서 또는 작은 무리를 지어 땅 위를 걷거나 뛰며 먹이를 찾는다. 봄과 여름에는 곤충을 먹고, 겨울에는 씨앗류를 비롯해 다른 식물성 먹이를 먹는다.

다른 종다리처럼 목도리종다리 수컷도 날아다니며 노래하는데, 하늘에서 빙빙 돌다가 공중에서 멈춰 노래하기도 한다. 때로는 갑자기 위로 날아올랐다가 나선형을 그리며 내려오기도 한다. 이런 과시비행은 짝을 유혹하고 자기 영역을 지키려는 본능에 따른 행동일 것이다. 목도리종다리 수컷은 공중에서 노래를 부르지만, 가끔은 땅에서도 노래를 부른다. 사이사이에 '치리리이…', '트립-트립' 또는 '키트라' 하고 빠르게 재잘거리는 여러 소리가 뒤섞인 노래를 길게 부른다.

붉은가슴밭종다리Red-throated Pipit

학명: 안투스 케르비누스(Anthus cervinus)

종다리 수컷이 과시비행 중에 반복해서 부르는 노랫소리

🐦 우리나라에서 볼 수 있다.

땅에서 주로 활동하며 호리호리하고 갈색 빛을 띠는 붉은가슴밭종다리는 시베리아를 비롯한 유럽의 가장 북쪽 끝부분인 핀란드 북부, 스웨덴, 노르웨이에 서식한다. 탁 트인 서식지에 사는 붉은가슴밭종다리는 시원하고 습지가 많은 목초지와 툰드라 지역에서 번식하지만, 겨울에는 열대 기후가 나타나는 아프리카와 남아시아의 초원과 습지를 향해 멀리 이동한다. 무리생활을 하는 습성으로 인해 대개 작은 무리를 짓는데, 번식기가 아닐 때는 멀찍이 떨어져서 무리를 이룬다. 붉은가슴밭종다리는 애벌레, 딱정벌레, 거미, 지네, 연체동물, 때로는 식물성 먹이를 먹는다. 대체로 진흙이 많은 지역에서 먹이를 찾으려 빠르게 땅 위를 걷고, 다른 종다리류 새처럼 자주 꼬리를 흔들면서 먹이를 찾는다.

종다리는 과시비행 중에 노래를 부르는 새로 유명하다. 붉은가슴밭종다리 수컷은 약 15m 이상을 날아올랐다가 유유히 떠다니며 땅으로 내려온다. 이때 날개를 쫙 펴고 계속 날아다니면서 크게 노래를 부른다. 가끔은 나무 꼭대기에 앉아서도 노래를 부른다. 듣기 좋은 음이 길게 연달아 울려 퍼지는데, 보통 '스위-우' 또는 '츠위-츠위' 하는 소리를 반복하면서 마무리를 한다. 어떤 때는 '추-추-추', '스위-스위-스위-스위', '프시우 프시이우 프시이이우 시이르으 위-위-위-위', '츠위-츠위-츠위-츠위' 하고 운다. 간단한 울음소리로는 짧게 '티우' 하고 울거나 길게 '치이이아즈' 하는 소리가 있다.

목도리지빠귀Ring Ouzel

학명: 투르두스 토르콰투스(*Turdus torquatus*)

피리를 부는 듯한 목도리지빠귀 수컷의 날카로운 노랫소리

목도리지빠귀의 영어 이름 'ouzel'은 고대 영어에서 검은지빠귀(blackbird)를 의미했다. 사람을 피하는 새라서 산비탈과 절벽, 땅속 암석이 툭 튀어나온 바위, 탁 트인 곳이라도 암벽이 많은 곳에 산다. 번식기인 봄과 여름에는 유럽 북부와 유럽 중부 곳곳에 살지만, 겨울에는 유럽 남부와 북아프리카로 이동한다. 이 새는 유럽에서 가장 친숙한 지빠귀로서, 온몸이 검은색인 유럽검은지빠귀(Common blackbird)와 크기 및 색깔이 비슷하다. 목도리지빠귀는 가슴에 눈에 띄는 하얀 띠가 있으며 유럽검은지빠귀보다 보기 드물다. 이 새는 보통 혼자 다니고, 번식기에는 짝을 지어 다니는 모습을 볼 수 있는데, 겨울을 나거나 이동할 때는 작은 무리를 짓는다. 목도리지빠귀는 곤충, 벌레, 씨앗류를 먹고, 종종 이동하면서 작은 과실류를 따먹는 모습을 보이기도 한다.

목도리지빠귀가 큰 소리로 부르는 구슬픈 노래는 멀리 퍼진다. 노래는 피리처럼 날카로운 여러 가지 소리로 이루어지며, 다음 노래로 바꿔 부르기 전에 '트루 트루 트루 트루… 툴-리 툴-리 툴-리… 추부우 추부우 추부우' 하고 각각의 소리를 여러 번 반복한다. 날면서 새된 소리로 '착-착-착'이나 '탁' 또는 '착' 하는 울음소리도 자주 반복한다.

옅은덤불울새Rufous Bush Robin

학명: 케르코트리카스 갈락토테스(*Cercotrichas galactotes*)

옅은덤불울새 수컷이 부르는 선율이 있는 풍부한 노랫소리

적갈색덤불울새(Rufous scrub robin) 또는 적갈색꼬리울새(Rufous-tailed scrub robin)라고도 불리는 옅은덤불울새는 몸집이 작고 어여쁜 새로 유럽 남부를 비롯해 스페인, 포르투갈과 그리스에도 산다. 이 새는 키 작은 나무가 빽빽하게 자라는 건조하고 탁 트인 서식지에서 번식한다. 근처에 사람이 사는 경우, 과수원과 나무나 덤불로 엮어 만든 생울타리에서도 머문다. 이 작은 새는 번식이 끝나면 사하라 사막 남쪽의 아프리카로 이동해 겨울을 난다. 옅은덤불울새는 곤충류, 거미, 지렁이 또는 이와 비슷한 먹잇감을 찾아 땅에서 폴짝 뛰어올라 재빠르게 먹이를 잡는다. 때로는 키 작은 식물에 붙은 벌레를 떼먹으려고 날아오르기도 한다.

옅은덤불울새는 가끔 천천히 날아내리는 모습을 뽐내면서 떨리는 소리로 지저귄다. 선율이 있는 노래를 다양하게 부르는데, 거칠게 '떽-떽' 하고 '피우' 또는 '우우' 하는 휘파람 소리도 낸다.

검은뺨개개비Moustached Warbler

학명: 아크로케팔루스 멜라노포곤(*Acrocephalus melanopogon*)

검은뺨개개비 수컷이 자기 영역을 알리는 노랫소리

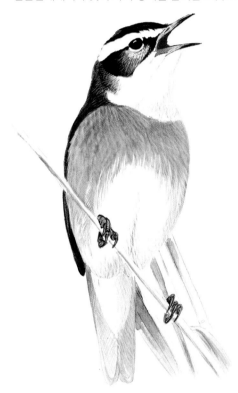

검은뺨개개비는 몸집이 작고 갈색을 띤 덕분에 몸을 잘 감출 수 있다. 대다수 개개비가 나무 사이에 사는데 비해 검은뺨개개비는 물가에 산다. 물속에서 자라는 키 큰 식물이 있는 습지에 자주 드나들고, 유럽 남부와 중부, 특히 지중해 해안에 있는 호숫가와 강가, 냇가에도 자주 간다. 갈대밭, 진흙이 쌓인 둑, 물에 떠있는 많은 식물에서 곤충류와 작은 무척추동물을 찾는다. 검은뺨개개비는 보통 불안할 때 꼬리를 위로 꼿꼿이 세우거나 위아래로 재빠르게 튕긴다.

새를 관찰하는 사람들은 검은뺨개개비가 쉰 소리로 '트렉' 또는 '트르룻' 하고 짧게 우는 소리를 비롯해 '트렉-특-특-특' 하며 가늘고 길게 우는 소리를 제일 자주 듣는다. 검은뺨개개비는 다양한 소리를 연달아 내며, 대개 '루-루-루-루-' 또는 '부-부-부-부' 하고 노래한다.

유리딱새 Red-flanked bluetail

학명: 타르시게르 키아누루스(Tarsiger cyanurus)

유리딱새 수컷이 자기 영역을 알리며 새벽에 부르는 노랫소리

🐦 우리나라에서 볼 수 있다.

유리딱새는 유럽에서 그리 흔치 않은 새다. 유럽에서는 북쪽 끝단의 시원하고 울창한 숲에서만 번식하지만, 아시아 일부 지역에서는 훨씬 흔하게 볼 수 있다. 이 새는 영어로 파랑꼬리울새(blue-tailed robin), 주황옆구리덤불울새(orange-flanked bush robin), 시베리아파랑딱새(Siberian bluestart)로도 불린다. 유리딱새는 대부분 나무에서 곤충류를 잡아먹는다. 먹이를 사냥하려고 키 작은 나무로 날아내려 오고 땅에서 깡충 뛰기도 한다. 번식기가 아닐 때는 주로 씨앗류와 열매를 먹는다. 몸집이 작고, 수줍은 성격의 이 새는 유럽의 가장 북쪽에서 번식한 뒤, 아주 놀랄 만큼 먼 거리를 이동해 남쪽과 동쪽으로 간다. 히말라야를 빙 돌아 도착한 동남아시아에서 겨울을 보내며, 이동 중에는 탁 트인 산림과 과수원, 심지어 집 정원에도 머문다.

유리딱새 수컷은 번식지에서 종종 날이 밝아올 무렵 또는 아직 어두운 이른 새벽에 키가 큰 나무 꼭대기에서 노래를 부른다. 구슬프게 '트티-틸리이-티티티티' 그리고 '팃트르- 트르- 트레- 트레- 트르- 트르르' 하고 가느다란 음을 빠르게 연달아 낸다. 짧게 우는 소리도 다양한데, 갑작스럽게 큰 소리로 '탁' 또는 '틱-틱' 하거나 조용하게 '횟' 하고 울기도 한다.

서부바위동고비Western Rock Nuthatch

학명: 시타 네우마이에르(*Sitta neumayer*)

서부바위동고비 한 쌍이 맑은 휘파람 소리를 연달아 내는 노랫소리

동고비는 몸집이 작고 몸놀림이 아주 빠른 새로 널리 알려져 있다. 독특한 능력도 있는데, 곤충을 찾기 위해 나무줄기에서 거꾸로 걸어 다닐 수 있다. 서부바위동고비는 암석이 많은 지형에 사는 텃새다. 대체로 절벽이 있고 비바람에 부딪혀 반들반들해진 바위가 있는 곳에 산다. 이런 환경에서도 거꾸로 걸어 다니는 능력이 있어서 커다란 바위와 절벽을 오르내릴 수 있다. 하얀색과 회색빛이 도는 파란색을 띠고 눈 주변에 진한 줄무늬가 있는 서부바위동고비는 가끔 혼자서 다니거나 작은 가족 단위로 어울리는 모습을 볼 수 있다. 낮은 언덕, 돌이 많은 비탈길 또는 골짜기나 협곡에서 바위 사이를 활발하게 총총 뛰어다닌다. 유럽 동서부에 사는데, 알바니아와 그리스, 터키에 이르는 지역의 바위로 이루어진 곳이나 폐허가 된 고대 유적지에서 많이 찾아볼 수 있다.

새를 관찰하는 사람들은 대체로 서부바위동고비의 소리가 크고 단호하게 들린다고 묘사한다. 날카롭게 '칙' 하는 소리를 비롯해 쉰 소리로 '스치라' 하고 운다. 암수 모두 노래를 부르는데, 맑은 휘파람 소리를 연달아 내고 때로는 음의 속도를 올리고 내리면서 떨리는 소리로 노래를 부른다. '잇잇잇잇… 투우위이 투우위이 투우위이' 또는 '비유 비유 비유… 뛰-뛰-뛰-뛰… 비비비비비' 하고 들린다.

서부오르페우스흰턱딱새Orphean warbler

학명: 실비아 호르텐시스(Sylvia hortensis)

서부오르페우스흰턱딱새 수컷이 영역을 지키고 짝을 유혹하며 부르는 노랫소리

서부오르페우스흰턱딱새는 몸집이 작고 꾸밈없이 소박한 모습의 비밀이 많은 새다. 유럽 남부, 특히 지중해 지역에 넓게 퍼져 살며, 겨울을 나기 위해 사하라 사막 남쪽의 아프리카로 이동한다. 따뜻하면서 건조한 기후, 무성한 덤불이 자라는 탁 트인 산림을 좋아하고, 키 작은 나무가 많은 낮은 언덕, 나무로 심어놓은 생울타리, 올리브 과수원, 넓은 공원, 정원을 비롯해 덤불이 있는 해안가에서도 서식한다. 대부분 나무에 사는데, 키 작은 덤불에서 키 큰 나무꼭대기까지 계속 오르락내리락하면서 나뭇가지와 잎에 붙은 곤충류를 찾아먹는다.

서부오르페우스흰턱딱새가 천천히 지저귀는 노랫소리는 그 길이와 음이 지역에 따라 꽤 다양하다. '티로-티로-티로' 또는 '뚜루 뚜루 뚜루 뚜루… 리루 리루 리루 트루' 또는 '위-우 위-우 위-우' 하고 우는 소리도 있다. 짧고 날카롭게 '텍' 또는 '탁' 하는 소리로 울고, 수다스럽게 '트르르르르' 또는 '츄르르르르' 하고 울기도 한다.

바위참새Rock sparrow

학명: 페트로니아 페트로니아(Petronia petronia)

바위참새가 떨리는 소리로 '티이-투르르르르' 하는 흔한 울음소리

몸집이 작고 눈에 잘 띄지 않는 바위참새는 이탈리아에서 바위페트로니아(Rock petronia)라고 불리며, 유럽 남부와 아프리카 북부, 중앙아시아 일부 지역의 산과 메마른 언덕에 산다. 대부분 연한 갈색과 검정색, 하얀색의 고르지 않은 줄무늬가 있다. 땅속 암석이 튀어나온 바위와 절벽, 골짜기, 돌이 많은 사막을 비롯해 고대 유적지에도 서식한다. 풀밭과 바위 위를 달리거나 총총 뛰어다니며 씨앗, 곡류, 열매, 작은 과실류를 먹이로 삼고, 곤충류도 잡아먹는다. 번식지에는 최대 100쌍이 모이는데, 꽤 사교적이어서 번식기가 아닐 때도 무리를 짓는다.

성량이 풍부한 바위참새는 종종 콧소리를 내뱉으며 짧게 우는데, 보통 큰 소리로 '스레-비잇' 또는 '티이-빗' 하는 소리가 크고 길게 이어진다. 이 소리가 여러 번 반복되면 노랫소리가 된다. 또한 '티이-투르르르르르' 하고 떨리는 소리로도 울고, 날카롭게 '피 우우-이' 하고 쇳소리를 내기도 한다.

노랑부리까마귀 Alpine Chough

학명: 피르호코락스 그라쿨루스(*Pyrrhocorax graculus*)

노랑부리까마귀가 날면서 내는 대표적인 울음소리

노랑부리까마귀는 몸집이 크고 색이 검다. 유럽 중부와 남부 등에 있는 높다란 산의 절벽과 능선을 따라 하늘에서 단숨에 날아내리며 유유히 활강한다. 주로 스위스의 알프스 산맥과 프랑스와 스페인 국경의 피레네 산맥에서 나는 모습을 볼 수 있다. 까마귀류에 속하지만 까마귀와는 다른데, 특히 부리와 다리 색이 밝다는 특징을 꼽을 수 있다. 아주 사교적이어서 100마리 이상이 떼를 지어 매일 함께 먹고, 함께 앉아서 쉴 장소로 날아간다. 먹이를 찾을 때는 작은 무리로 나누거나 짝을 지어 다닌다. 먹이로는 곤충류를 비롯해 딱정벌레와 달팽이 같은 작은 무척추동물을 가장 좋아하는데, 풀밭이나 바위가 많은 지역에서 땅을 파거나 바닥에서 잡는다. 작은 과실류와 씨앗류 그리고 일부 죽은 짐승의 썩은 고기도 먹는다. 짓궂은 성격의 노랑부리까마귀는 알프스 스키장에 자주 나타나서 쓰레기를 뒤지고 사람들이 먹다 남은 음식도 노린다. 호기심이 많아서 등산객을 따라가기도 하고 주는 음식을 받아먹기도 한다.

노랑부리까마귀는 여러 가지 울음소리를 내는데, 대부분은 깍깍거리며 지저귀거나 찍찍 우는 소리다. 무리 안에서는 '찌르르르' 하는 높은 소리를 비롯해 날카롭게 '찌이에' 또는 '찌이-업' 하는 소리, '치르리쉬' 하는 소리로 자주 운다. 다른 까마귀의 흔한 울음소리로는 '프리입' 하는 달콤한 소리와 '스위이우' 하는 휘파람소리도 있다.

붉은허리방울새Twite

학명: 카르두엘리스 플라비로스트리스(Carduelis flavirostris)

붉은허리방울새 수컷이 자기 영역을 알리며 내는 두 소절의 노랫소리

붉은허리방울새는 몸집이 작고 줄무늬가 나 있으며 색이 어두운 되새류(finch)다. 영국, 프랑스, 독일, 폴란드와 스칸디나비아를 비롯해 중동과 중앙아시아의 탁 트인 지역에 서식한다. 번식기에는 탁 트인 산비탈, 황야, 높은 산의 초원과 고도가 높은 지역의 너른 벌판을 좋아하지만, 해발 약 1,800m 정도 되는 고산지대에서도 발견되곤 한다. 번식기가 끝난 가을에 고도가 낮은 지역으로 내려와 산골짜기를 흐르는 강, 목초지와 습지, 더 낮은 산비탈과 해안가에서 겨울을 보낸다. 이 새는 풀숲과 경작지 사이의 땅바닥이나 키 작은 식물에서 먹이를 찾으려고 폴짝거리면서 곤충류와 씨앗류를 찾아 먹는다. 또한 먹이를 찾아 쓰레기 더미를 뒤지기도 한다. 사교적인 새라서 보통은 작은 무리를 이루어 번식하고, 가을과 겨울에는 꽤 큰 규모로 무리를 이룬다.

붉은허리방울새는 독특한 콧소리로 '트와-이잇', '트비이훗', '트위이' 또는 '쯔위이' 하고 길게 늘여 노래를 부른다고 해서 이 소리로 영어 이름(twite)을 지었다. 대체로 날면서 소리를 낸다. 지저귀는 음을 섞어 다른 울음소리를 내기도 한다. 윙윙거리는 소리, 떨리는 소리, 그리고 지저귀는 소리를 빠르게 이어 부르는데, '트와이트' 하는 울음소리를 내기도 한다.

검은머리멧새 Black-headed Bunting

학명: 엠베리자 멜라노케팔라(*Emberiza melanocephala*)

멧새 수컷이 '찌릇' 하는 소리를 여러 번 내는 노랫소리

🐦 우리나라에서 볼 수 있다.

검은머리멧새는 몸통이 노란색과 갈색이고, 머리가 검은색이라 어디서나 두드러져 보인다. 이탈리아부터 동쪽으로 터키에 이르는 유럽 남동부와 중동의 일부 지역에서 번식한다. 대체로 건조하고 탁 트인 벌판에 띄엄띄엄 나 있는 덤불이나 나무를 비롯해 농경지에도 서식한다. 검은머리멧새는 늦은 여름과 이른 가을에 작은 무리를 이루어 인도에서 겨울을 나는데 경작지나 키 작은 나무가 있는 지역에서 먹이를 찾는다. 주로 풀씨와 곡물을 먹지만, 번식기에는 곤충류도 먹는다.

검은머리멧새는 짧게 똑딱거리는 듯, 때로는 날카로운 쇳소리로 다양하게 운다. 보통 '클립', '클리입', '드주우', 그리고 '프르리우' 하고 들린다. 어떤 울음소리는 날 때만 내는데 갑자기 '첩' 또는 '플루트' 하고 울거나 날카롭게 '찍' 하고 울기도 한다. 보통 높은 나뭇가지나 전깃줄에 앉아서 선율이 있지만 거친 소리로 노래한다. '찌릇' 하는 소리로 시작해서 점점 빠르게 '찌릇 찌릇 프리프리 추-치우-치우 즈-뜨리리리우르' 하며 다양한 소리를 낸다.

흰죽지솔잣새Two-barred Crossbill

학명: 록시아 레우콥테라(*Loxia leucoptera*)

흰죽지솔잣새 수컷이 번식기에 내는 노랫소리

🐦 우리나라에서 볼 수 있다.

유럽의 가장 먼 북쪽 숲에서도 사는 흰죽지솔잣새는 몸집이 작고 빨간색을 띠며, 놀랍게도 부리 끝이 십자로 어긋나 있다. 다른 솔잣새류도 이와 마찬가지로 먹이를 잡는 도구로 위와 아래가 어긋난 부리를 사용해서 단단하고 빽빽한 솔방울에서 소나무 씨앗을 파낸다. 흰죽지솔잣새는 전 세계 어느 곳에서나 볼 수 있는데, 때로는 두줄무늬솔잣새로도 불린다. 가끔씩 스웨덴과 노르웨이로 옮겨가고, 대부분은 유럽에서 가장 북동쪽 끄트머리에 있는 핀란드와 러시아 서부 지역에 산다. 남쪽에서는 쌍으로 어울려 다니고, 북쪽에서는 작은 무리를 이루는 경향이 있다. 겨울에는 몇 백 마리가 모여 떼를 지어 다닌다. 낙엽송, 솔송나무, 가문비나무의 씨앗과 더불어 작은 과실류와 곤충류, 거미도 먹는다.

흰죽지솔잣새는 빠르게 지저귀고, 수다스럽게 노래하고, 윙윙거리듯 떨리는 음을 내며, 대개 나무 꼭대기에서 안내 방송을 하듯이 노래한다. 울음소리는 다양하지만 가장 자주 내는 소리는 무미건조하게 '칩-칩-칩', '킵-킵-킵' 또는 '치프-치프-치프' 하는 소리가 대부분이다. 흔히 콧소리로 카나리아처럼 '핏' 또는 '트윗' 하고 울기도 하고, 무리 지어 먹을 때는 '쳇-쳇' 또는 '처취-처취' 하는 소리를 자주 내뱉는다.

아프리카의 새들

자연을 만끽하기 위해 아프리카에 온 사람들은 주로 얼룩말, 기린, 코끼리, 코뿔소처럼 이 대륙을 상징하는 거대한 포유동물을 마주하고는 황홀해한다. 그러나 점점 더 많은 사람이 아프리카에 사는 아름다운 새 떼를 감상할 목적으로 전 세계에서 찾아온다. 요즘에는 새를 관찰하러 온 사람들이 사파리를 방문할 때 가이드나 운전기사에게 영양, 하마, 악어뿐 아니라 따오기, 황새, 두루미처럼 아름다운 새도 볼 수 있게 멈춰달라고 자주 부탁한다. 사막, 키 작은 나무 덤불, 풀밭, 나무가 우거진 대초원과 열대우림 등 잘 알려진 아프리카의 자연 환경은 1,900여 종이나 되는 굉장히 다양한 새가 깃들여 사는 터전이 되어 준다. 특히 탄자니아, 케냐, 카메룬과 콩고민주공화국에 서식하는 새만 해도 1,000종이 넘는다.

아프리카에서만 볼 수 있는 몇 종의 새는 꽤 흥미롭다. 그중 하나는 부채머리새(turaco)로 몸집이 크고 나무에 살며, 대체로 깃털이 눈부신 파란색 또는 초록색, 아니면 보라색을 띤다. 어떤 새들은 '고깔머리새(go-away-bird)', '바나나먹는새(plantain-eater)'라는 흥미로운 이름을 가지고 있다. 쥐새(mousebird)와 사탕새(sugarbird)도 아프리카에만 서식한다. 쥐새를 본 사람들은 생쥐를 떠올리는데, 칙칙한 색을 띠고 종종걸음으로 활기차게 서식지를 돌아다녀서 마치 작은 쥐가 먹이를 찾는 것 같기 때문이다. 남아프리카에 사는 사탕새는 부리와 꼬리가 아주 길고, 꿀을 먹는다. 마지막으로 망치머리새(hamerkop)는 황새와 비슷하지만 기이하게도 머리가 망치 모양인 신비스러운 조류 중 하나다. 망치머리새는 가까운 사촌새도 없어서 결과적으로 홀로 망치머리새류에 속한다.

아프리카는 새의 먹이도 풍부해서, 날기보다는 땅에서 뛰기를 좋아히는 사막물떼새(courser)와 벌집으로 사람을 안내하는 꿀길잡이(honeyguide)의 개체 수가 많다. 부리가 거대하고 둥지를 짓는 행태가 매력적인 코뿔새(hornbill)는 아프리카에서 흔히 볼 수 있고, 호반새(kingfisher)와 오색조(barbet), 때까치(shrike), 찌르레기(starling), 베짜는새(weaver)도 흔하다.

볼망태따오기 Wattled Ibis

학명: 보스트리키아 카룽쿨라타(Bostrychia carunculata)

볼망태따오기가 날면서 '코우르-코우르-코우르' 하고 요란하게 내는 울음소리

에티오피아의 높은 지대에만 사는 볼망태따오기는 몸집이 크고 어두운 색을 띠며, 목에 늘어뜨린 주머니가 있다. 이 새는 100마리 내외로 무리를 지어 먹이를 찾으며 하루를 보낸다. 초원, 논밭, 습지, 늪처럼 탁 트인 곳과 산림지대에 서식한다. 하루를 마무리할 때는 작게 무리를 지어 밤에 쉴 장소를 찾아 날아가는데, 보통 바위 절벽이나 강가로 간다. 이런 곳은 대개 둥지를 트는 장소로도 쓰인다. 볼망태따오기는 느릿느릿 돌아다니며 지렁이, 곤충, 그리고 개구리가 땅에 있는지 찬찬히 살핀다. 가끔 소나 다른 가축을 따라가서 동물의 배설물에 모여든 곤충을 잡기도 한다.

볼망태따오기가 새벽에 깬 뒤에는 끽끽거리거나 끙끙하고 앓는 소리를 내거나 낮게 꺽꺽거리는 등 짧은 소리를 다양하게 낸다. 날이 밝아 밤새 쉬던 장소를 떠나려 날아오를 때는 아주 큰 소리로 요란하게 '코우르-코우르-코우르' 하고 웅얼거린다.

망치머리새(망치새)Hamerkop

학명: 스코푸스 움브레타(*Scopus umbretta*)

망치머리새 한 쌍이 구애하면서 큰 소리로 끽끽거리며 내는 여러 울음소리

외모가 독특한 망치머리새는 황새와 비슷하게 생겼다. 특히 머리 뒤에 달린 깃이 망치 또는 모루❛를 닮았다. 사실 망치머리새의 영어 이름(Hamerkop)도 남아프리카어로 '망치머리'라는 뜻이며, 흔히 모루머리황새(anvil-headed stork)로도 불린다. 망치머리새는 다리와 목, 부리가 길어 물속에 있는 물고기나 벌레 따위를 잡아먹는 새인 섭금류라서 습지를 비롯해 강어귀, 호숫가, 강둑과 양식장에서도 서식한다. 주로 개구리와 올챙이를 먹지만 물고기, 갑각류, 지렁이, 곤충류도 먹는다. 가끔 낮게 날면서 물 위에 떠 있는 먹이를 잡아채기도 한다. 망치머리새는 대개 혼자 또는 짝을 지어 다니는 모습이 눈에 띄지만, 때로는 10~50마리가 무리를 짓기도 한다. 대체로 현지인은 망치머리새를 신비롭게 여겨 이 새와 관련된 금기사항을 굉장히 많이 만들어냈다. 그 결과 사람들은 망치머리새를 괴롭히거나 해치지 않았고, 때로는 가축으로 길들이기도 했다. 이 새는 사하라 사막 남쪽의 넓은 아프리카 지역 뿐 아니라 마다가스카르와 아라비아 지역 일부에서도 산다.

망치머리새는 무리 지어 있을 때 상당히 소리가 크다. 크게 콧소리를 내고, 끽끽거리며 '웩-웩-웩-와르륵' 또는 '익-익-익-이르으-이르으' 하고 운다. 대체로 혼자 있을 때는 조용하고, 날 때는 간결하지만 새된 소리로 '켁' 또는 '닙스' 하는 소리를 많이 낸다.

❛대장간에서 금속을 두드릴 때 받치는 쇳덩이.-옮긴이

아프리카대머리황새 Marabou Stork

학명: 렙톱틸로스 크루메니페루스(*Leptoptilos crumeniferus*)

아프리카대머리황새가 종종 위협할 때 내는 부리를 부딪는 소리

세상에서 가장 못생긴 새로 알려진 아프리카대머리황새는 섰을 때 키가 1.2m쯤 된다. 이 새의 가장 큰 특징은 완전히 펼쳤을 때 2.75m나 되는 날개다. 새를 관찰하는 사람들은 대체로 이 새가 야위어 보인다고 묘사하는데, 붉거나 분홍인 머리에 깃털이 없고 어두운 점이 박혀 있으며 목에는 비슷한 색깔로 주머니가 달려 있기 때문이다. 아프리카대머리황새는 열대 기후의 아프리카 전 지역에 서식하며, 탁 트인 메마른 대초원과 풀밭을 비롯해서 늪, 강가, 호숫가 같은 습지에서도 산다. 대체로 죽은 동물의 시체를 먹지만, 살아 있는 동물도 다양하게 먹는다. 물고기, 개구리, 도마뱀, 뱀, 생쥐, 들쥐를 비롯해 홍학처럼 몸집이 큰 새도 먹는다. 또한 커다란 포유동물 무리를 따라다니면서 그들을 피해 달아나는 곤충을 잡아먹기도 한다.

아프리카대머리황새는 대개 조용하지만 번식기에는 예외다. 둥지에 앉거나 그 주변에서 휘파람 소리, 낑낑거리는 소리, 끙끙 앓는 소리 등 다양한 울음소리를 낸다. 둥지 가까이 온 침입자를 위협할 때는 '꽈아아아' 하고 소리치거나 부리로 딱딱 부딪는 소리를 낸다.

이집트기러기Egyptian Goose

학명: 알로포켄 아이깁티아카(Alopochen aegyptiaca)

이집트기러기가 경계하며 내는 코 막힌 울음소리

지금은 이집트기러기를 사하라 사막 남쪽의 아프리카에서만 주로 볼 수 있지만, 고대에는 훨씬 흔했다. 당시에는 나일강 곳곳의 골짜기에 널리 깃들여 사는 신성한 새로 여겼다. 덩치가 좋고 갈색을 띠는 이 새는 습지를 비롯한 해안 지역에도 산다. 거대한 무리가 충분한 물과 먹이가 있는 곳을 찾아 모여든다. 이집트기러기는 물에서 먹이를 찾는데, 머리를 물속에 집어넣고 물에 사는 식물을 먹는다. 땅 위에서는 풀, 씨앗류, 곡류, 새싹을 비롯해 가끔 지렁이나 곤충도 먹는다.

사교적인 이집트기러기는 혼자 있을 때는 조용하지만 여럿이 있을 때는 큰 소리로 노래를 부른다. 수컷은 다소 높은 콧소리로 꽥꽥 소리를 지르고, 흥분할 때는 숨 가쁘게 쌕쌕거리는 소리가 점점 빨라진다. 암컷은 수컷과 함께 다니며 자신만의 높은음으로 '허-허-허' 하고 운다.

노란목자고새 Yellow-necked Spurfowl

학명: 프테르니스티스 레우코스케푸스(*Pternistis leucoscepus*)

노란목자고새 수컷이 짝을 유혹하려고 뽐내는 울음소리

닭처럼 생긴 노란목자고새는 몸집이 더 크고, 특이하게도 목은 깃털이 없이 노랗다. 에티오피아와 소말리아부터 남쪽에 있는 탄자니아까지 동아프리카 지역의 키 작은 나무가 있는 숲, 무성한 풀밭과 농지에 산다. 대개 짝끼리 또는 작은 가족 단위로 다닌다. 자고새류는 발로 땅을 긁어서 먹이를 찾는데, 주로 식물 뿌리, 씨앗류, 흰개미 따위의 곤충류를 먹고, 농경지에서는 곡류도 먹는다.

노란목자고새 수컷은 짝을 찾아 흰개미가 쌓아 올린 기둥이나 나무 그루터기, 울타리 기둥같은 높은 위치에 올라간다. 그러고는 '코-와르르륵', '코-와르르륵', '코-위아크' 하는 무언가 긁는 듯한 소리를 낸다. 이 울음소리를 잇달아 내며 더 길게 뽑아낼 수도 있는데, 끝내는 '코-위르르르륵-크위이르르르륵-크위르륵-크와르-카르-카르' 하며 소리가 작아진다.

아프리카바다수리African Fish Eagle

학명: 할리아이에투스 보키페르(*Haliaeetus vocifer*)

아프리카바다수리가 요들송을 부르는 듯 '위-아 효-효-효' 하는 가장 흔한 울음소리

아프리카바다수리는 사하라 사막 남쪽의 아프리카 곳곳에 서식한다. 위풍당당하게 먹이를 잡고, 머리와 꽁지가 눈부시게 하얀 아프리카바다수리는 북아메리카의 흰머리수리(American bald eagle)를 생각나게 한다. 아프리카바다수리는 강기슭과 호숫가, 늪 가장자리에 오랜 시간 앉아서 먹이를 감시하다가 쏜살같이 날아내려 먹이를 낚아채고, 다시 높은 곳으로 날아오르거나 물가로 물고 가서 먹는다. 대개 수면에 떠오른 물고기를 잡아먹는데, 물새와 양서류를 비롯해 파충류, 작은 포유동물, 곤충류와 썩은 고기도 먹는다. 또한 '해적'처럼 공격적으로 왜가리(heron), 황새(stork), 호반새(kingfisher)가 잡은 먹이를 훔친다. 보통 혼자 다니지만, 때로는 오도 가도 못하는 물고기 따위가 잔뜩 있는 얕은 연못에 떼 지어 있기도 한다.

새를 관찰하는 사람들은 아프리카바다수리가 아프리카 곳곳의 물가에서 우는 소리를 자주 듣는다. 대체로 또렷하게 '위-아 효-효-효' 또는 '위이… 우 우 우' 하고 요들처럼 외친다. 쌍으로 울기도 하는데, 대체로 암컷이 '위' 소리를 내면 수컷이 '우' 하고 응답한다.

회색관두루미Grey Crowned Crane

학명: 발레아리카(Balearica regulorum)

동아프리카 대초원에서 회색관두루미가 나팔을 부는 듯한 울음소리

회색관두루미는 날개가 흰색과 불그스름한 갈색을 띠고, 정수리에는 갈색 깃털이 왕관처럼 곤두서 있어서 유난히 위엄이 있어 보인다. 눈에 잘 띄는 이 새는 대개 쌍으로 다니거나 최대 20마리가 무리를 지어 어울린다. 강이나 습지 또는 나무에서 쉬는 회색관두루미는 새벽녘에 밤새 쉬던 곳을 떠나 낮 동안 먹이가 있는 곳에 머물다가, 해지기 전에 다시 돌아온다. 초원, 강 근처의 탁 트인 산림, 물이 넘친 들판 등 축축하든 메마르든 상관없이 앞이 트인 서식지를 선호한다. 회색관두루미는 땅에 있는 씨앗류, 곡류, 메뚜기 따위의 곤충, 지렁이, 게, 개구리 또는 도마뱀을 재빠르게 쪼아 잡아챈다. 이 새는 아프리카 동부와 남부, 즉 케냐에서 남아프리카에 이르는 지역에만 퍼져 있다.

회색관두루미는 쌍으로 크게 울리는 소리를 내거나 낮은 나팔소리를 연달아 내며 1분 정도 계속 운다. 경계를 하거나 위협을 할 때는 '우-에얀느' 또는 '야-우-구-룽' 하고 운다. 다른 두루미를 마주치거나 먹이를 먹는 동안에는 대체로 부드럽게 가르랑거리는 울음소리를 내기도 한다.

세줄무늬사막물떼새Three-banded Courser
학명: 르히놉틸루스 킹크투스(Rhinoptilus cinctus)

세줄무늬사막물떼새 여럿이서 길게 내는 요란한 울음소리

외모가 아름다운 세줄무늬사막물떼새는 동아프리카와 남아프리카에 사는 새로, 대체로 밤에 활발하게 움직이고 땅에서 생활한다. 주로 건조하고 탁 트인 삼림지대, 대초원, 덤불이 많은 초원에서 서식한다. 하지만 위장을 잘하기도 하고, '몸을 숨기기에 알맞은' 밤색, 불그스름한 갈색, 엷은 누런색과 검정과 흰색의 무늬가 있어 이런 환경에서는 찾기가 아주 힘들다. 종종 짝을 이루거나 5~6마리가 작은 무리를 지어 생활하며, 낮에는 거의 덤불이나 키 작은 나무 아래 그늘에서 보낸다. 세줄무늬사막물떼새는 밤에 나타나서 곤충류를 찾는데, 땅에 있는 곤충을 뒤쫓아다니다가 잡아먹는다. 'courser(재빠른 말)'라는 영어 이름이 붙은 이유는 먹이를 쫓거나 천적을 피해 도망갈 때에 날기보다 뛰기를 좋아하는 듯 보이기 때문이다. 이 새는 날더라도 낮게 짧은 거리를 이동한다.

세줄무늬사막물떼새는 길게 우는데, 대체로 음의 높낮이가 있고 끝날 때는 소리가 점점 잦아든다. 마치 '끼익-끼익 끽-끽-끽-끽-끽-끽' 또는 '척카-척카-척카' 또는 '위커-위커-위커' 하고 들린다. 먹을 때는 부드럽게 '츄익' 하고 우는데, 아마도 서로에게 계속 연락하려는 소리 같다. 경계를 취할 때는 낮게 '피우' 하고 운다.

큰부채머리새Great Blue Turaco

학명: 코리타이올라 크리스타타(Corythaeola cristata)

큰부채머리새가 수다스럽게 '콕-콕-콕' 하고 부르는 흔한 노래

20여 종이 넘는 부채머리새류는 모두 아프리카 대륙에만 살고, 숲과 삼림지대, 대초원을 좋아한다. 부채머리새류 중에서 몸집이 가장 크고 나무에 사는 큰부채머리새는 깃털 색이 아주 눈부셔서 오랫동안 사냥의 표적이 되었으며, 매우 아름다운 색을 띠고 있어 아프리카에서 매우 사랑받는 새로 꼽힌다. 중앙아프리카와 서아프리카의 우림에 사는 텃새로 대개 3~7마리가 작은 무리를 이룬다. 하루 종일 먹는데, 특히 초저녁에는 열매, 나뭇잎, 꽃과 나무의 새순을 다양하게 먹는다. 나무 한 그루에서 먹이를 다 찾으면, 차례차례 줄지어 옆 나무로 미끄러지듯 날아간다.

부채머리새는 대체로 요란하게 반복해서 우는데, 어떤 울음소리는 이 새들이 사는 지역에서 가장 독특한 소리다. 큰부채머리새는 흔히 '프르우… 프르우…' 또는 '로-오우' 하며 떨리는 소리로 시작해 수다스럽게 '콕-콕-콕-콕' 하는 소리로 바꿔서 연달아 길게 운다. 때로는 '타-텍' 하고 여러 번 울다가 끝내기도 한다.

회색고깔머리새Grey Go-away-bird

학명: 코리타익소이데스 콩콜로르(Corythaixoides concolor)

회색고깔머리새가 '그웨이!' 하고 우는 소리

부채머리새류 중 하나인 회색고깔머리새는 큰 몸집에 온몸이 잿빛을 띠며, 머리깃이 위로 바짝 솟아 있고 꽁지가 아주 기다랗다. 메마르고 광활한 초원과 남아프리카의 탁 트인 삼림지대에 살며 대개 3~10마리 또는 그 이상이 무리를 짓는다. 맛있는 먹이가 많고 마실 물이 풍부한 지역에는 최대 30마리까지 모이기도 한다. 회색고깔머리새는 나무에 살고, 줄지어 이 나무 저 나무로 옮겨다니면서 주 먹이인 맛 좋은 열매를 찾는다. 또한 꽃과 꽃꿀도 먹고 땅으로 내려와 흰개미를 마음껏 먹기도 한다. 사람들이 회색고깔머리새가 해롭다고 여기는 이유는 교외 공원과 정원까지 이동해서 사람들이 재배한 열매를 따 먹기도 하기 때문이다.

회색고깔머리새는 큰 소리로 애처롭게 '그웨이 그웨이' 하고 울며 '웨이'에 강세가 붙어서, 영어 이름에는 이 소리와 비슷한 'go-away'가 붙여졌다. 다른 독특한 울음소리는 거칠게 '왜에에에에에에?' 하며 왜냐고 물어보는 듯한 소리와 부드럽게 '이-아우' 하고 길게 우는 소리도 있다. 또한 '꼬꼬' 하고 우는 소리, 흐느끼는 소리, 꾸르륵거리는 다양한 소리를 내기도 한다.

볼망태댕기물떼새 African Wattled Lapwing

학명: 바넬루스 세네갈루스(*Vanellus senegallus*)

볼망태댕기물떼새가 주위를 경계하며 '킵-킵-킵' 하고 반복해서 내는 울음소리

물떼새류(plover shorebird)에 속하는 볼망태댕기물떼새는 사하라 사막 남쪽 곳곳에 퍼져 있다. 볼망태댕기물떼새가 좋아하는 축축한 풀밭은 습지 가장자리와 호수, 연못, 물이 넘치는 논 같은 경작지 부근에 있다. 쌍으로 다니거나 작은 무리를 지어 생활하며, 긴 다리로 천천히 걸어 다니다가 곤충류와 지렁이 같은 먹이를 발견하면 보통 잠시 멈추었다가 먹이를 향해 걷거나 뛰어올라 잡는다. 풀씨도 먹이의 상당 부분을 차지한다.

이 새는 위험에 처했을 때 '킵-킵-킵' 또는 '케-**위입**, 케-**위입**, 케-**위입**' 하는 소리를 반복해서 자주 낸다. 날거나 흥분할 때는 빠르게 높은음으로 '삡-삡' 하고 운다. 다른 새가 자신의 영역에 내려앉으면 대체로 크게 '삐입' 하고 딱 한 마디를 내뱉는다.

붉은배쿠아Coquerel's Coua

학명: 코바 코퀘렐리(Coua coquereli)

찾기는 힘들지만 울음소리를 훨씬 자주 들을 수 있는 붉은배쿠아가 큰 소리로 부르는 노래

몸집이 크고 호리호리하며 땅에서 생활하는 붉은배쿠아는 마다가스카르 서쪽의 숲에 서식한다. 눈 주변 피부는 깃털이 없이 파란색을 띠고, 붉은 점이 찍혀 있다. 뻐꾸기류(cuckoo)에 속하는 붉은배쿠아는 혼자서 또는 짝을 이루어 생활하고, 사람을 피하지만 먹이를 찾으며 숲 바닥을 거닐기 때문에 숲속의 등산로를 가로지르는 모습을 볼 수도 있다. 또한 덤불이나 작은 나무에서 곤충류, 거미, 작은 과실류, 열매를 찾는다. 붉은배쿠아가 위험에 처했을 때는 날지 않고 뛰어갈 가능성이 더 높다.

붉은배쿠아의 가장 흔한 울음소리는 큰 소리로 또렷하게 '꾸끼우-꾸꾸꾸' 또는 '꾸꾸-꾸꾸' 하고 내는 소리다. 또 자주 내는 소리가 있는데, '아유-유' 하며 땅에서도 울고 높은 위치에 올라서서도 운다. 또한 짧고 부드럽게 꿀꿀거리는 소리를 내기도 한다.

흰눈썹코칼White-browed Coucal

학명: 켄트로푸스 수페르킬리오수스(*Centropus superciliosus*)

흰눈썹코칼 수컷이 부르는 물이 보글보글 끓는 듯한 노랫소리

동아프리카와 남아프리카에 사는 흰눈썹코칼은 몸집이 크고 우람하며, 꼬리가 길고 널찍하다. 습지, 덤불, 풀이 촘촘히 나 있는 지역에 주로 서식하고, 강가에 자라는 풀숲과 나무에도 산다. 대체로 쌍을 이루어 풀과 덤불이 빽빽이 덮여 있는 곳에서 은밀하게 먹이를 찾으며 낮 시간을 보낸다. 날아서 이동할 때는 보통 아주 멀리 가지는 않는다. 작은 동물을 먹이로 삼는데, 곤충류, 거미, 달팽이, 게를 비롯해 도마뱀과 개구리, 뱀, 작은 새와 아주 자그마한 쥐도 먹는다. 또한 풀밭에 불이 나면 그 경계를 지켜보고 있다가 불을 피해 도망가는 곤충류나 다른 동물을 잡기도 한다.

코칼은 대체로 크게 물이 끓는 듯한 소리를 낸다. 이런 이유로 새를 관찰하는 일부 사람들은 병에서 물을 따를 때 나는 '꿀렁-꿀렁' 소리를 떠올리며 '물병새'라 부르기도 한다. 흰눈썹코칼은 주로 10~20번 정도 물을 따르는 소리를 연달아 빠르게 내는데 그 음이 낮아지다가 다시 높아진다. 또한 비둘기가 우는 것처럼 '구우' 하는 소리를 굵고 낮게 반복해서 내기도 한다.

흰눈썹쇠올빼미 White-browed Hawk-Owl

학명: 니녹스 수페르킬리아리스(*Ninox superciliaris*)

흰눈썹쇠올빼미가 마다가스카르 숲속에서 우는 소리

흰눈썹쇠올빼미는 몸집이 중간 크기로 통통하고, 머리는 둥글고 갈색이다. 마다가스카르에만 사는 이 새는 우림과 건조한 숲에서 모두 볼 수 있지만, 대초원과 산속 빈터 같은 나무가 거의 없는 탁 트인 지역을 비롯해 반건조 기후의 키 작은 나무가 자라는 지역도 좋아한다. 흰눈썹쇠올빼미는 서식지인 삼림지대에서 벌목이 증가함에 따라 생존을 위협받고 있다. 이 새는 밤에만 활동하며, 탁 트인 길가 또는 산길가의 나뭇가지 위에 높이 올라앉아서 먹이를 기다린다. 주로 곤충류를 먹지만, 파충류와 작은 새, 포유동물도 먹이로 삼는다. 단숨에 땅으로 내려와서 사냥감을 잡고, 휴식을 취하는 장소로 가지고 간 뒤 먹는다.

밤새 주기적으로 크고 힘차게 우는 흰눈썹쇠올빼미의 소리는 사방으로 울려 퍼진다. 소리를 낮추어 두 번씩 '호우우-후' 또는 '우-워' 하고 독특하게 시작해서 '키앙' 또는 '쿠앙' 또는 '쿠앗' 하는 소리를 20번 정도 연달아 내다가 음도 높아지고 소리도 커지는 경향이 있다. 종종 여럿이 같은 지역에서 울며 서로 소통한다.

눈테쥐새 Speckled Mousebird

학명: 콜리우스 스트리아투스(Colius striatus)

눈테쥐새가 먹이를 찾으며 내는 여러 가지 흔한 울음소리

눈테쥐새는 아프리카에만 사는 6종의 쥐새 중 하나다. 쥐새라는 이름은 쥐와 같은 설치류를 먹기 때문이 아니라, 길게 늘어진 칙칙한 색깔의 꼬리 모습과 풀과 나무 사이를 종종거리며 옮겨 다니고, 쉬거나 잘 때 4~8마리가 친밀하게 무리를 지어 옹기종기 모여 있는 습성에서 유래했다. 좋은 먹잇감이 있는 지역에서는 더 큰 단위로 모이기도 한다. 눈테쥐새는 사하라 사막 남쪽의 여러 곳에서 볼 수 있고, 주로 열매를 비롯해 새순, 꽃 그리고 꿀도 먹는다. 서식지도 잡목 숲부터 삼림지대, 숲 가장자리에 이르기까지 다양하다. 쥐새는 또한 공원과 정원에서도 사는데, 사람들이 기른 열매와 채소, 꽃을 먹어서 농부와 정원사들이 싫어한다.

쥐새의 소리는 매우 큰데, 어떤 사람들은 이 탁한 울음소리를 무언가 긁는 듯한 불쾌한 소리로 생각한다. 눈테쥐새의 흔한 울음소리 중 하나는 '츄츄' 또는 '씨우-씨우' 하고 들린다. 아마도 무리의 구성원과 연락하려는 소리인 듯하다. 날기 전에 '치-위' 하고 날카롭게 울기도 한다. 경계할 때는 단호하게 '쉬이엑' 하는 소리와 강렬하게 '핏' 하는 소리를 낸다.

큰호반새Giant Kingfisher

학명: 메가케릴레 막시마(Megaceryle maxima)

큰호반새가 불안할 때, '켁' 하고 반복해서 흔히 내는 울음소리

아프리카에 사는 호반새 중 가장 몸집이 크며 사하라 사막 남쪽의 여러 지역에 퍼져 있다. 보통 수줍은 성격의 큰호반새는 습지 환경인 호숫가, 강가, 냇가, 연안 석호, 그리고 강어귀와 모래사장에 서식한다. 대개 혼자 또는 짝을 이루어 사냥을 하는데, 물 위로 드리운 나뭇가지 위나 물에 닿은 바위에 앉아서 먹이를 유심히 찾는다. 수면에 가까이 올라온 물고기를 찾으면, 재빠르게 뛰어들어 사냥감을 잡아채는데, 그러다가 종종 물속에 푹 잠기기도 한다. 그러고 나서 높은 위치로 날아올라 잡은 물고기를 통째로 삼킨다. 또한 게, 개구리, 작은 파충류와 곤충류를 먹을 때는 나무에 여러 차례 세차게 부딪혀서 삼키기 쉽게 만들기도 한다. 간혹 큰호반새가 먹이를 잡으러 바닷물에 뛰어든 다음에 민물에 몸을 던져 씻는 모습도 볼 수 있다.

큰호반새도 다른 호반새처럼 울음소리가 대체로 크고 요란하다. 큰호반새가 날 때 흔히 내는 소리는 길게 웃는 듯한 소리인데, '끼아우-끼아우-끼-이-이-이-이-끼아우-끼아우-끼아우-끼아우' 하고 들린다. 또한 매우 불안할 때는 큰 소리로 수다스럽게 '께리리리리리리리' 하거나 '켁' 하고 반복해서 울기도 한다.

흰이마벌잡이새White-fronted Bee-eater

학명: 메롭스 불로코이데스(*Merops bullockoides*)

흰이마벌잡이새 한 쌍이 둥지를 튼 구멍에서 우는 소리

벌잡이새류는 기후가 따뜻한 남유럽, 남아시아, 아프리카와 오세아니아에 산다. 그러나 아주 매력이 넘치는 흰이마벌잡이새를 포함한 대부분은 아프리카에 서식한다. 우아하며 색감이 눈부신 흰이마벌잡이새는 길고 좁다란 부리로 벌을 잡아먹는다. 이 새는 벌과 땅벌 그리고 말벌을 상대적으로 안전하게 다룰 수 있기 때문에 주 먹이의 80%를 벌이 차지한다. 나머지는 딱정벌레, 파리, 나비, 그리고 메뚜기로 채운다. 흰이마벌잡이새는 작은 무리를 지어 다니지만 종종 낮 시간에는 떨어져서 홀로 사냥을 한다. 나뭇가지나 덤불에 앉아서 쉬다가 알맞은 곤충을 찾으면 날아가서 잡는다. 그러고 나서 쉬던 곳으로 돌아와 잡은 먹이를 먹는다. 대체로 강이나 호수를 끼고 있는 삼림지대에 살고, 나무나 덤불이 자라는 서식지에서도 산다. 이 새는 동아프리카와 중앙아프리카 남쪽의 일부 지역에 서식한다.

흰이마벌잡이새는 짧지만 꽤 다양하고 큰 울음소리를 낸다. 굵고 낮은 소리로 조용하게 '가아르' 또는 '가아우' 하면서 자주 운다. 다른 울음소리는 음이 오르락내리락 하면서 마치 '꽈느윽', '끄르릇', '까까까', 그리고 '와아루' 하고 들린다.

분홍가슴파랑새 Lilac-breasted Roller

학명: 코라키아스 카우다투스 *(Coracias caudatus)*

눈부신 분홍가슴파랑새가 과시비행 중 '락-락-락' 하고 반복해서 우는 소리

눈에 띄게 다채로운 깃털 색을 가진 파랑새류는 상대적으로 머리가 크고 목은 짧은데, 사하라 사막을 제외한 아프리카의 대부분에서 나무에 앉아 있는 모습을 쉽게 볼 수 있다. 파랑새류 중에서도 아프리카 동부와 남부가 원산지인 분홍가슴파랑새가 가장 아름답다. 이 새는 공격적으로 번식지를 지킨다고 널리 알려져 있다. 번식지에 침입자가 들어오면 확 달려드는데, 사람도 예외는 아니다. 다른 파랑새처럼 굉장한 비행 모습을 뽐내기도 한다. 수컷은 갑자기 홱 하고 땅을 향해 거의 수직으로 내려가다가 빠르게 공중에서 멈춰 서서는 좌우로 몸을 돌리며, 큰 소리로 날카롭게 꽥꽥거린다. 보통 혼자 있거나 쌍으로 다니는 모습이 눈에 띄는데, 주로 건조하고 탁 트인 산림이나 나무가 드물고 풀이 우거진 대초원에 산다. 높은 곳에 앉아 있다가 갑자기 날아내려 아주 다양한 동물을 먹이로 삼는다. 곤충, 거미, 전갈, 달팽이, 개구리, 도마뱀을 비롯해 작은 새도 먹는다. 작은 동물은 땅에서 통째로 삼키고, 큰 동물은 두들겨서 자른 다음 높은 곳으로 올라가 먹는다.

분홍가슴파랑새는 과시비행을 하면서 먼저 '락' 하고 탁한 소리를 크게 여러 차례 반복한다. '락-락-락-락' 하고 울다가 연이어서 수다스럽게 '카아, 카아쉬, 카아아아아아쉬' 하는 소리를 내기도 한다.

붉은부리나무후투티 Green Wood Hoopoe

학명: 포이니쿨루스 푸르푸레우스 (Phoeniculus purpureus)

붉은부리나무후투티 무리가 아프리카 대초원에서 끽끽거리며 요란스럽게 우는 소리

나무에 사는 붉은부리나무후투티는 몹시 다채로운 색을 띠며, 낫 모양으로 휘어진 부리는 길고 밝은색을 띤다. 보통 4~8마리의 가족 단위로 옮겨 다니며, 나무와 숲이 우거진 지역에 산다. 특히 중앙아프리카와 남아프리카에 있는 대초원과 탁 트인 산림에 깃들여 산다. 붉은부리나무후투티는 나무에서 먹고, 나무에 난 구멍에서 자고, 둥지도 나무에 짓기 때문에 주변에 커다란 나무가 꼭 있어야 한다. 나무줄기와 나뭇가지에서 곡예를 하듯 먹이를 찾는데, 나무껍질 틈바구니까지 샅샅이 찾기 위해 종종 거꾸로 또는 기이한 각도로 매달린다. 날렵한 부리로 나무껍질을 계속 쳐서 숨어 있는 곤충류, 거미류, 지네와 노래기를 찾기도 한다. 또한 작은 도마뱀과 열매도 먹는다.

붉은부리나무후투티는 종종 무리를 지어 끽끽거리는 과시행동을 한다. 이 새들은 자신들의 영역 한쪽 경계에 여러 마리가 '집회'를 하듯 모여서 울음소리를 뽐낸다. 전부 옹기종기 모여 앉아서 몸을 앞뒤로 흔들며 꾹꾹거리거나 물이 거세게 쏟아지는 듯이 '깍-깍-크크크크크' 하고 오래도록 운다. 붉은부리나무후투티의 소리는 모두 성별에 따라 약간 다르다. 예를 들면 수컷은 경계할 때 '꾹' 하는 소리를 내는 반면, 암컷은 '케엑' 하고 운다.

나팔코뿔새Trumpeter Hornbill

학명: 비카니스테스 부키나토르(Bycanistes bucinator)

나팔코뿔새 무리가 나무 위쪽에서 울부짖는 소리

세상에서 가장 기이한 새로 꼽히는 코뿔새는 거대한 부리, 독특한 번식 습성으로 유명하다. 암컷은 나무 속의 빈 구멍에 알을 낳은 뒤 나오지 않고, 그 안에서 알을 부화시키고 새끼를 먹인다. 수컷은 작은 입구를 통해 암컷을 먹인다. 나팔코뿔새는 숲과 삼림지대의 특정 지역, 특히 물가에 산다. 종종 30~40마리가 무리를 지어 함께 밤을 보내고, 해 뜰 무렵 작은 무리로 나뉘어 낮 동안에 머물며 먹이를 찾을 나무를 향해 떠난다. 나팔코뿔새는 주로 열매, 특히 무화과를 먹고, 곤충류와 게를 비롯해 작은 새와 둥지 안의 새끼 새도 잡아먹는다. 이 새는 몸집이 커도 아주 뛰어난 비행사로 나무 위쪽 사이사이를 요리조리 날아다녀서 잘 눈에 띄지 않는다. 나팔코뿔새는 케냐 남부에서 모잠비크와 남아프리카 일부 지역, 그리고 서쪽으로 이어진 앙골라에 이르는 지역에 널리 퍼져 있다.

나팔코뿔새 울음소리의 특징은 처음에 우렁차다가 점점 힘이 빠지며 서서히 잦아드는 것이다. 마치 '나아아이-나아아아아아아이-나아아아아아아이-나아아아아이' 또는 '나아 나아하하하하' 하고 울부짖는 것 같다. 나팔코뿔새가 먹이를 먹는 동안에는 낮게 쉰 소리로 꾹꾹거리거나, 웅얼거리며 깍깍거리는 소리를 낸다.

알락날개아프리카오색조Red-and-yellow Barbet

학명: 트라키포누스 에리트로케팔루스(*Trachyphonus erythrocephalus*)

알락날개아프리카오색조 한 쌍이 '티들-콰우' 하며 내는 이중주

아마도 알락날개아프리카오색조는 동아프리카에 사는 몸집이 다소 작은 새 중에서 가장 멋진 새일 것이다. 머리와 가슴, 배는 알록달록하고, 등과 날개, 꽁지의 흑백 무늬 덕분에 이 새가 좋아하는 탁 트인 산림과 우거진 풀밭에서 두드러지게 눈에 띈다. 알락날개아프리카오색조는 쌍으로 다니거나 3~10마리가 작은 무리를 지어 생활한다. 땅바닥을 따라서 먹이를 찾아다니며, 열매 중에서도 특히 무화과와 씨앗류, 곤충, 거미를 비롯해 작은 새와 그 새의 알도 먹는다. 때때로 쓰레기도 뒤지고 자동차 라디에이터 그릴에서 죽은 곤충을 쏙쏙 뽑아먹는다. 종종 흰개미가 만든 높은 기둥을 파고들어 둥지를 틀기도 한다.

오색조는 외모가 예쁘기도 하지만 선율이 있는 노래를 부르기 때문에 새를 관찰하는 사람들이 좋아한다. 알락날개아프리카오색조 암수가 함께 큰 소리로 부르는 노래는 굉장히 멋지다. 이제 막 짝을 이룬 암수가 정확하게 조화를 이루어 반복해서 소리를 내지른다. 수컷이 휘파람을 3번 불면, 암컷이 높은음으로 짧게 3~5번 소리를 내는데, 이 소리가 수컷이 낸 소리와 잘 어울린다. 그 소리가 어우러져 1~2분 정도 '티들-콰우, 티들-콰우, 티들-콰우' 하고 들리며, 어떤 사람들은 이를 '레든 옐-로(red'n yellow), 레든 옐-로, 레든 옐-로'로 묘사한다.

큰꿀길잡이 Greater Honeyguide

학명: 인디카토르 인디카토르(*Indicator indicator*)

큰꿀길잡이가 종종 '위-츄우' 하고 몇 시간 동안 반복해서 부르는 노랫소리

다소 칙칙한 갈색을 띠는 큰꿀길잡이는 벌과 흰개미, 개미, 파리를 먹는데, 벌이 벌집을 지을 때 분비하는 노란 물질인 밀랍도 좋아한다. 사하라 사막 남쪽 아프리카의 탁 트인 삼림지대와 숲의 가장자리를 좋아한다. 큰꿀길잡이는 벌집으로 사람을 안내하는 능력으로 유명하다. 벌집을 안내하는 일은 서로에게 이롭다. 인간은 큰꿀길잡이를 따라가 벌집을 깨서 꿀을 얻고, 전통에 따라 이 새를 위해 밀랍을 조금 남겨둔다. 큰꿀길잡이는 나무에서 독특한 '안내 방송'을 하며 꿀을 찾는 사람들의 관심을 끈다. 사람이 다가가면 벌집에 더 가까운 옆 나무로 날아가 울며, 이렇게 계속해서 사람이 벌집에 다가갈 때까지 운다.

큰꿀길잡이는 시끄럽고 수다스러운 콧소리로 노래를 부르며 때로는 다양한 삑 소리나 새된 소리가 어우러지기도 한다. 보통 수컷이 노래를 부르는데, 부드럽게 '피유' 하고 운 뒤 '휫-튜르르' 또는 '투리릭' 하고 연달아 운다. 또한 공격적으로 '프리이이이어' 하는 소리도 낸다.

동부점박이날개_{Eastern Nicator}

학명: 니카토르 굴라리스(*Nicator gularis*)

동부점박이날개의 존재를 알려주는 튀는 노랫소리

모두 3종인 점박이날개류는 서로 닮아서 조류학자도 구별하기 어렵다. 보통 빽빽한 나무와 풀숲 사이에 몸을 감추는 특성 때문에 소리는 자주 들리지만 모습은 거의 볼 수가 없다. 동부점박이날개는 동아프리카와 남아프리카에서 산림과 덤불숲이 있는 여러 지역에 퍼져 있다. 먹이는 딱정벌레와 애벌레 따위의 곤충류이고, 나무 위쪽에서 나뭇가지 사이사이를 한가롭게 폴짝폴짝 뛰어다니고, 때때로 땅에 내려가기도 한다.

동부점박이날개는 보통 보이지 않는 높은 곳에서 아주 큰 소리로 노래를 부른다. '익-콥 위우-톡 트르르' 또는 '유-익-윗-웨-트르' 하며 낮게 시작해서 '코-코우-코오우-큐이이이' 또는 '힙-투-위-투-칩 투-위잇' 하는 휘파람 소리를 산만하게 낸다. 흔히 '툭' 하고 날카로운 소리를 내고, 경계할 때는 '척' 또는 '족크' 하고 운다.

흰눈썹큰딱새 White-browed Robin-Chat

학명: 코시파 헤우글리니 (*Cossypha heuglini*)

흰눈썹큰딱새 수컷이 부르는 아름다운 노랫소리

하얗고 진한 눈썹이 울새류(robin)와 많이 닮은 흰눈썹큰딱새는 빽빽한 숲을 제외한 동아프리카와 남아프리카의 다양한 서식지 곳곳에서 볼 수 있다. 물가를 선호하지만 공원이나 정원으로 옮겨가기도 한다. 흰눈썹큰딱새는 대개 혼자서 또는 짝을 이룬 모습으로 눈에 띄는데, 해 질 무렵이면 빽빽한 나무와 풀이 있는 곳에서 탁 트인 땅으로 먹이를 찾으러 나타난다. 빠르게 총총 뛰어오르고 이리저리 옮겨 다니며, 개미와 흰개미, 그리고 딱정벌레 따위의 곤충류를 잡는다. 때때로 나뭇잎을 뒤적거리며 부리로 숨겨진 먹이도 찾는다.

새를 좋아하는 사람들은 큰딱새를 뛰어난 가수로 생각한다. 흰눈썹큰딱새 수컷은 독특한 노래를 부르는데, 몇 가지 높은 소리를 후렴으로 반복한 뒤 낮은 소리를 낸다. 이 노래가 반복될 때마다 소리는 커지고 박자는 빨라진다. 이런 노랫소리는 마치 '트리클-꼭-트위' 또는 '우웃 우웃 께로-끼이' 하고 들린다.

검은목숲개개비사촌Black-throated Apalis

학명: 아팔리스 약소니(*Apalis jacksoni*)

검은목숲개개비사촌 수컷이 보통 '틀링-틀링-틀링' 하고 반복해서 부르는 노랫소리

몸집이 아주 자그마하고 매력적인 검은목숲개개비사촌은 아프리카와 유라시아, 오세아니아 곳곳에 퍼져 있는 날개부채새(prinia)와 솔새(cisticola)까지 포함된 규모가 큰 개개비사촌류(warblerlike)에 속한다. 멋지게 차려입은 듯한 검은목숲개개비사촌은 중앙아프리카와 동아프리카에 드문드문 솟아 있는 고도가 높은 지역의 숲에만 서식한다. 보통 짝을 이루거나 3~4마리가 작은 가족을 이루어 생활한다. 활동적인 이 새는 이 나무 저 나무로 총총 옮겨 다닌다. 잔가지와 나뭇잎을 헤집으며 곤충류와 거미류를 찾고, 날아다니는 곤충을 쫓아서 순식간에 내려가기도 하며, 주로 중간 높이의 나뭇잎층 사이에서 머문다.

검은목숲개개비사촌은 쇳소리처럼 들리지만 듣기 좋은 노래를 부른다. 단순하게 한 음으로 '틀링-틀링-틀링' 하는데, 가끔 계속해서 오래 부르기도 한다. 부드럽지만 애처롭게 '피우' 또는 '푸' 하는 소리를 내기도 한다.

검은목꺼풀눈이 Black-throated Wattle-eye

학명: 플라티스테이라 펠타타(*Platysteira peltata*)

검은목꺼풀눈이 수컷이 '듀입-듀입-지빗, 지빗, 지빗' 하고 부르는 노랫소리

아프리카에만 서식하는 꺼풀눈이새는 눈 주변 피부에 깃털이 없고, 밝은색을 띠며, 작은 솔딱새류(flycatcher-like)와 비슷하다. 희귀한 검은목꺼풀눈이는 부리가 넓고 눈 주변이 빨갛게 툭 튀어나왔다. 주로 아프리카의 남부와 동부에 있는 숲과 삼림지대에 산다. 평소 조용한 편이지만, 나뭇잎 사이를 촐랑거리며 곤충을 찾는 모습을 볼 수 있다. 빠른 날갯짓으로 벌레가 숨어 있는 장소를 잘 털어낸다. 이 새는 보통 짝을 이루거나 작은 가족 단위로 어울려 다닌다.

검은목꺼풀눈이는 종종 짝과 함께 노래를 부른다. 지역에 따라 조금 다른데, '듀입-듀입-듀입-듀입-지빗, 지빗, 지빗, 지빗' 또는 '츠 츠 츠 츠… 인-케린-케린-케린-케린치'처럼 탁한 소리나 긁는 소리라서 듣기에 좋지는 않다. 경계할 때는 '칫-칫' 하고 운다.

오색태양새Variable Sunbird

학명: 킨니리스 베누스투스(*Cinnyris venustus*)

오색태양새 수컷이 평소에 부르는 노래

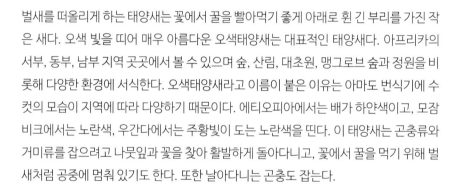

벌새를 떠올리게 하는 태양새는 꽃에서 꿀을 빨아먹기 좋게 아래로 휜 긴 부리를 가진 작은 새다. 오색 빛을 띠어 매우 아름다운 오색태양새는 대표적인 태양새다. 아프리카의 서부, 동부, 남부 지역 곳곳에서 볼 수 있으며 숲, 산림, 대초원, 맹그로브 숲과 정원을 비롯해 다양한 환경에 서식한다. 오색태양새라고 이름이 붙은 이유는 아마도 번식기에 수컷의 모습이 지역에 따라 다양하기 때문이다. 에티오피아에서는 배가 하얀색이고, 모잠비크에서는 노란색, 우간다에서는 주황빛이 도는 노란색을 띤다. 이 태양새는 곤충류와 거미류를 잡으려고 나뭇잎과 꽃을 찾아 활발하게 돌아다니고, 꽃에서 꿀을 먹기 위해 벌새처럼 공중에 멈춰 있기도 한다. 또한 날아다니는 곤충도 잡는다.

오색태양새 수컷은 잘 보이는 높은 위치에 앉아서 꼬리를 펼치고는 노래를 부른다. 배색깔처럼 오색태양새의 노래도 지역에 따라 다양하지만 대개 2~7가지 소리로 시작 부분을 구성하고 뒤이어 수다스럽게 '쮸윕-쮸윕-쮸입-쮸입-차타타타타타타타타' 또는 '트-치-위이 트-치-위이 트-치-위이 차-차-차-차-차-차-차' 하고 지저귄다. '칩' 그리고 '찹' 하고 짧게 우는 소리도 있고, 암수가 종종 서로에게 '지-지-지-지' 하며 반복해서 지저귀기도 한다.

아프리카긴꼬리때까치 Magpie Shrike

학명: 우롤레스테스 멜라놀레우쿠스(*Urolestes melanoleucus*)

암수 모두가 일 년 내내 '차아-차아-차아' 하며 내는 거친 울음소리

아프리카긴꼬리때까치는 시끌시끌하고 매우 사교적인 새로 동아프리카와 남아프리카에 산다. 몸집이 통통하고 또렷한 검은색과 흰색을 띠며, 꼬리가 매우 긴 덕분에 아프리카긴꼬리때까치가 좋아하는 산림과 탁 트인 정원 같은 대초원에서도 눈에 잘 띈다. 대개 12마리까지 무리를 지으며, 높직한 나뭇가지, 울타리 기둥 또는 전깃줄에 앉아서 곤충류, 생쥐 그리고 작은 파충류 따위의 먹이를 찾기 위해 땅바닥을 살핀다. 끼니로 때울 만한 것을 찾으면, 단숨에 아래로 날아내려 와서 잡아챈 뒤 높은 위치로 돌아가서 먹는다. 때때로 열매도 먹는다. 이 새는 무리를 지어 세력권을 함께 지키며, 고개를 숙인 채 서로서로 가까이 앉아서 날개와 꼬리를 들어 올리고 큰 소리로 휘파람을 부는 등 단체로 과시행동을 보인다.

아프리카긴꼬리때까치의 노래는 매력적이고 맑으면서도 유려한 휘파람 소리로 이루어져 있다. '티이유, 투이유', 그리고 '투위어' 하며 쉬지 않고 긴 시간 동안 반복해서 부른다. 짝을 이룬 새는 함께 노래를 시작하는데, 수컷이 낮은음으로 '틸루우' 하고 부르면 암컷은 높은음으로 비슷하게 응답한다. 거친 목소리로 자주 '차아-차아-차아' 또는 '착-착-착' 하고 운다. 또 다른 울음소리는 '니들-붐-니들-붐… 컴 히어, 컴 히어' 하고 묘사되기도 한다.

긴꼬리꿀먹이새Cape Sugarbird

학명: 프로메롭스 카페르(Promerops cafer)

긴꼬리꿀먹이새가 평소 '칫' 하고 반복해서 우는 소리

2종류가 알려진 꿀먹이새는 꼬리가 긴 명금류이다. 아프리카 남부에만 서식하는데, 이 지역에 사는 야생동물을 상징하는 새로 등장하기도 한다. 긴꼬리꿀먹이새는 남아프리카공화국에만 서식하는 종으로 수컷은 꽁지가 몇 가닥 성기게 나 있는데 매우 길쭉하다. 이 새는 프로테아(protea)라고 알려진 키 작은 나무에서 먹이와 쉴 곳, 둥지를 틀 재료와 장소를 얻는다. 보통 짝을 이루거나 작은 가족 단위로 어울려 다니고, 프로테아 꽃에 앉아 길고 가느다란 부리와 혀로 꿀을 빨아 먹는다. 또한 거미류와 작은 곤충, 꽃 위에 앉은 딱정벌레와 파리도 먹는다.

긴꼬리꿀먹이새는 길고 복잡한 노래를 부르는데, 굵고 비비는 소리를 비롯해 물이 흐르는 듯한 소리가 어우러져 있다. 이 모든 소리 사이사이에 '칫' 하는 새된 소리가 들어가서, 마치 '차악-차일리-칫칫', '칫-찰루윗-칠루우-꼬', '차착-차-윗치-춧' 하고 들린다. 짧은 울음으로는 '쳉-쳉' 하고 깡통이 부딪히는 소리, 빠르게 '스퀏지-스퀏지' 또는 '스키지-스키지' 하는 소리도 있다. 경계할 때는 '트윗-트윗' 또는 거칠게 쌕쌕거리며 '쓰으으르으으' 하고 우는 것처럼 들린다.

흰댕기안경때까치 White-crested Helmetshrike

학명: 프리오놉스 플루마투스(*Prionops plumatus*)

흰댕기안경때까치 무리가 합창하는, 발음이 불분명한 여러 가지 소리

안경때까치는 모두 8종으로 나뉜다. 전부 아프리카에만 사는데, 흰댕기안경때까치도 그 중 하나다. 안경때까치는 머리에 난 깃털이 뻣뻣하고 억세서 마치 헬멧처럼 보이고, 눈 주변 피부가 두툼하게 튀어나와 있다. 흰댕기안경때까치는 아프리카의 서부, 동부, 남부 곳곳에 퍼져 있다. 대초원을 좋아하며 숲 가장자리, 키 작은 나무가 자라는 탁 트인 지역과 나무 농장에도 서식한다. 매우 사교적이어서 10마리 이상이 촘촘하게 모여서 낮 시간을 보낸다. 자신의 터전을 매일 천천히 여행하고, 이 나무에서 저 나무로 한 마리씩 차례차례 옮겨 다니며 나뭇가지와 나뭇잎, 나무줄기에서 곤충을 찾는다. 땅에서도 거미류와 도마뱀붙이 같은 작은 파충류를 비롯해 몇몇 열매를 찾아 먹는다. 안경때까치는 서로 도와 번식을 하는데, 무리 중에서 지위가 높은 새가 짝과 둥지를 틀면 다른 새들이 어린 새끼를 돌봐준다.

흰댕기안경때까치는 대체로 큰 소리로 반복해서 합창을 하는데, 종종 발음을 뭉개서 '끼로', '끄레에이', '지업' 또는 '찌로우' 같은 소리를 낸다. '끼로-끼로-끼로' 하고 반복해서 우는 동안 대개 사이사이에 찍찍 울고 재잘대는다양한 소리를 섞어서 낸다. 또한 흰댕기안경때까치가 재잘거리는 경우는 바로 맛있는 음식이나 둥지를 틀 좋은 재료를 발건했을 때다.

검은머리꾀꼬리Black-headed Oriole

학명: 오리올루스 라르바투스(*Oriolus larvatus*)

검은머리꾀꼬리가 평소 '푯, 피포' 하고 우는 소리

노랗고 검은색을 띠는 외모가 수려한 검은머리꾀꼬리는 동아프리카와 남아프리카의 토종 새다. 검은머리꾀꼬리가 속한 아프리카꾀꼬리(African oriole)는 신대륙꾀꼬리 (American orioles)와는 별개의 분류군이다. 아프리카꾀꼬리는 숲 가장자리, 삼림지 대, 키 작은 나무가 자라는 벌판과 정원, 때로는 물가에 자라는 나무에 산다. 검은머리꾀 꼬리는 보통 짝을 이루어 다니거나 혼자 생활하는 모습으로 눈에 띈다. 주로 커다란 나무 위쪽에서 먹이를 찾고, 나뭇잎에서 곤충류를 먹는다. 키 작은 나무와 덤불 아래로 내려가 서 작은 과실류와 열매도 먹고, 땅에서는 특별히 좋아하는 애벌레를 찾기도 한다. 부드러 운 곤충을 물고 높직이 올라가서 흐물흐물해질 때까지 두들겨서 먹는다.

검은머리꾀꼬리는 소리가 매우 큰데, 특히 이른 아침에는 더 큰 소리로 거의 같은 노래를 부르고 또 부른다. 대개 각각의 노래는 3~6개 소리를 한 세트로 해서 빠르게 부르는데 2초 정도 계속된다. 대부분 발음이 분명하지 않고, 일부는 '투우-가-왁-콕', '웍-츄-웩', '끽-추-우우-꾸-퓨와', '티아우-토르-테-와' 또는 '엉클 **휴우**', '고 **파**' 하고 들릴 지도 모른다. 높은음으로 '피이오' 또는 '피-유' 또는 '푯, 피포' 하며 내는 불분명한 휘파 람 소리가 가장 흔한 울음소리다.

오색찌르레기 Superb Starling

학명: 람프로토르니스 수페르부스 *(Lamprotornis superbus)*

오색찌르레기 수컷이 특정한 패턴 없이 부르는 노랫소리 중 일부

아프리카에는 많은 종류의 찌르레기류가 산다. 가슴 윗부분이 어두운 파란색을 띠는 이 화려한 오색찌르레기는 가장 아름다운 찌르레기로 꼽힌다. 아주 사교적이라 종종 작은 무리를 지어 어울린다. 에티오피아부터 남쪽에 있는 탄자니아에 이르는 동아프리카에 퍼져 있다. 탁 트인 건조 지역 또는 반건조 지역의 사림, 대초원, 풀밭 등지에 깃들여 산다. 하루 중 가장 따뜻할 때 잎이 무성한 나무에 앉아 쉬고, 다른 때는 땅에서 먹이를 찾는다. 대부분 곤충류를 먹지만, 열매, 작은 과실류, 꽃과 씨앗류도 먹는다.

오색찌르레기의 노래는 길고 특정한 패턴이 없는 다양한 소리로 이루어져 있다. 노랫소리 중에는 보통 '위우-츄'와 분명하지 않게 '치이우우'처럼 들리는 소리가 있다. 흥분했을 때는 대체로 '윗-꼬르-치-비이' 하고 길게 운다. 경계할 때는 '치르르르' 하고 운다.

붉은부리소등쪼기새 Red-billed Oxpecker

학명: 부파구스 에리트로르힝쿠스(*Buphagus erythrorhynchus*)

붉은부리소등쪼기새 무리가 '쯔스으사아아아 찍찍' 하고 내는 대표적인 울음소리

찌르레기류에 가까운 소등쪼기새는 아프리카에 2종류가 있는데, 습성이 흥미롭지만 다소 역겹기도 하다. 이 새는 풀을 뜯어 먹는 몸집이 큰 포유동물 위에 거의 하루 종일 앉아 있다. 그 위에서 진드기와 이, 거머리를 비롯해 피를 빨아먹는 기생충을 잡아먹는다. 붉은부리소등쪼기새는 발톱이 날카롭게 휘어져 있어서 털이 난 짐승의 가죽에도 잘 붙어 있다. 기린, 코뿔소, 물소와 얼룩말 같은 동물의 가죽은 이 새가 좋아하는 사냥터다. 보통 4~8마리가 모이지만, 사교성이 좋아서 몸집이 큰 포유동물 한 마리에 최대 20마리까지도 모인다. 이 새는 에티오피아 북부에 있는 에리트레아부터 남쪽으로 이어진 남아프리카 북부에 이르는 지역에 퍼져 있다.

붉은부리소등쪼기새는 날카롭게 쉬익거리는 울음소리를 길게 여러 번 '즈즈하아아아아', '스스쉬이이이이', 그리고 '쯔스으사아아아' 하고 내뱉는다. 종종 '찍-찍' 또는 '트릭-트릭' 하는 울음소리를 함께 낸다.

검은등베짜는새Dark-backed Weaver

학명: 플로케우스 비콜로르(Ploceus bicolor)

검은등베짜는새가 짝을 유혹하려 부르는 다양한 휘파람 소리와 윙윙거리는 노랫소리

베짜는새는 몸집이 작은 명금류로 아프리카와 아시아에 산다. 이 새들은 풀과 다른 식물 따위를 엮어 정교하게 지붕이 있는 둥지를 짓는 것으로 유명하다. 이들의 서식지에서 베짜는새 둥지가 가득 매달려 있는 나무를 흔히 볼 수 있다. 검은등베짜는새는 거칠고 메마른 덩굴과 풀로 둥근 모양의 둥지를 만드는데, 주전자 주둥이 같은 입구가 아래로 나 있다. 몸통은 노란색과 검은색을 띠며 눈이 붉은 이 매력적인 새는 숲이 우거진 지역과 아프리카 남부의 절반이 넘는 지역에 드문드문 거주한다. 보통 짝을 짓거나 최대 5마리까지 작은 가족 단위로 어울려서 중간 높이의 나무 위쪽에서 먹이를 찾는다. 이 새는 대부분 딱정벌레, 애벌레, 파리 같은 곤충류를 비롯해 거미류와 열매류, 꽃과 꿀도 먹는다.

검은등베짜는새는 보통 휘파람 소리를 3~10개 정도 엮어서 독특한 노래를 부른다. 때로는 노래를 부르기 전에 윙윙거리거나 짹짹거리는 소리를 조금씩 내기도 한다. 이 새의 노랫소리를 똑같이 묘사하는 사람은 없다. 어떤 사람은 '어-우', '어-우-우', '위즈즈즈즈,' '휘-후, 휘-후', '그스으으시우우우우윙' 하고 들린다고 하고, 또 다른 사람은 '론', '루운', '라안', '레른', '리은' 하고 들린다고 묘사한다. 베짜는새는 때때로 '끽' 하고 소리치고, '매애' 하고 푸념하는 듯한 소리, 또는 문이 닫힐 때 경첩이 녹슬어 끼이익거리는 듯한 소리를 더하기도 한다.

천인조Pin-tailed Whydah

학명: 비두아 마크로우라(Vidua macroura)

천인조 수컷이 뽐내는 노랫소리

천인조는 몸집이 작은 아프리카의 되새류(finch)다. 아주 길쭉한 꼬리가 인상적이며, 독특한 번식 방법으로 유명하다. 이 새는 스스로 둥지를 틀지 않고 다른 종의 둥지에 알을 낳으며, 다른 종의 새가 알을 품고 천인조 새끼를 키운다. 우아한 천인조는 단풍새(waxbill)라고 불리는 작은 되새의 둥지에 주로 알을 낳는다. 천인조는 사하라 사막 남쪽의 아프리카 곳곳에 퍼져 사는데, 풀이 무성하고 탁 트인 키 작은 나무 서식지를 선호하며 산림과 농경지, 정원도 좋아한다. 주로 풀씨를 먹고 살며, 겉흙을 발로 파헤쳐서 드러난 씨앗을 쪼아 먹는다. 때때로 날아다니는 흰개미도 잡아먹는다. 오직 수컷만 번식기에 꼬리가 길게 늘어나고, 암컷은 평범한 외모의 갈색으로 참새와 비슷하게 생겼다.

천인조는 한 가지 음을 다 다르게 구성해서 연속으로 노래를 부르는데, 마치 '칩', '째-쩍', '타이압', '쯔르르', '위이', '팁', '자아' 하고 들린다. 때로는 끽하고 소리치며 지저귀거나 '티-유' 하는 휘파람 소리도 넣는다. 암수 모두 거칠게 수다스러운 소리를 내며, 특히 수컷은 자신의 영역에 침입한 적에게 요란하게 '윗-윗-윗' 또는 '치이-치이-치이' 하고 운다. 천인조가 날아다닐 때는 대체로 날카롭게 '칩-칩' 하는 소리를 낸다.

아시아의 새들

아시아는 매우 다양한 새가 살 수 있는 환경이 갖추어진 지역으로 2천 종이 넘는 새가 산다. 이 중 대부분은 남아시아의 열대 지방에 서식하는데, 서쪽의 파키스탄과 인도에서 동쪽의 남중국과 동남아시아에 이르는 지역이다. 이 책에서 설명하는 새들도 이곳에 집중되어 있는데, 이 지역은 잎이 지는 나무, 사계절 푸르른 나무, 그리고 습지림을 비롯해 대나무 서식지와 초원, 키 작은 나무가 우거진 곳과 다양한 습지가 있는 게 특징이다.

나뭇잎새(leafbird), 푸른무화과새(fairy-bluebird), 큰아이오라(iora)는 이 지역에서만 발견되는 새로 다른 곳에서는 볼 수가 없다. 이 새들은 나무에 사는 새들 중에서도 특별히 눈에 띈다. 나뭇잎새는 아름다우며 밝은 연둣빛을 띠고, 푸른무화과새는 빛이 나면서 무척이나 아름다운 파란색과 검은색을 띠며, 큰아이오라는 노란색과 초록색을 띤다. 이 분류에 속하지 않는 새들은 아시아에서만 사는 건 아니지만 아시아 대륙, 특히 남아시아에서 꽤 특색이 있는 종이다. 여기에는 꿩류(pheasant)도 해당하는데 매우 다양하고, 아시아의 새치고 유난히 현란한 색을 띤다. 이 꿩류 중에는 널리 알려진 공작(peafowl, 대개 수컷은 'peacock', 암컷은 'peahen')과 덜 알려진 청란(great argus)이 있다. 청란은 꼬리가 꽤 길쭉하고 장식이 달려 있는데, 몸길이는 1.8m가 넘는다.

코뿔새는 아프리카에 흔한 새지만 아시아에도 아주 많다. 몸집이 크고, 특이한 부리 덕분에 아시아에서도 주목할 만한 새로 꼽힌다. 앵무(parrot)는 비록 다른 대륙만큼 흔하거나 다양하지는 않지만 아시아에도 있긴 하다. 비단날개새(trogon)도 마찬가지다. 나무에 사는 아주 자그마한 이 새는 빼어난 깃털 색에 목은 짧고 꼬리는 길다. 마지막으로 매우 시끄럽고 상당히 사교적인 꼬리치레류(babbler)의 새들이 무수히 많다. 웃음지빠귀(laughingthrush), 울새(mesia), 상사조(leiothrix)가 여기 속한다.

베트남소공작 Germain's Peacock-pheasant

학명: 폴리플렉트론 게르마이니 (*Polyplectron germaini*)

수줍음이 많은 베트남소공작의 수다스러운 울음소리

희귀한 베트남소공작은 숨어 있기 좋아하는 성격에 몸집은 중간 정도 되는 꿩류의 새로, 베트남 남부와 캄보디아 동부에 서식한다. 전체적으로 회갈색을 띠며 닭과 비슷하게 생겼다. 광택이 없는 얼굴의 피부는 붉고, 깃털에는 수많은 푸르스름한 초록빛 '눈알모양의 무늬(ocelli)'가 장식되어 있다. 고도가 낮거나 중간 정도 되는 습한 대나무 숲에 깃들여 산다. 땅 위의 포식자인 베트남소공작은 땅 위를 느긋하게 걸어 다니고, 살금살금 숲 바닥을 지나가며, 발로 바닥을 긁고 떨어진 나뭇잎을 뒤적여 먹이를 찾는다. 다양한 먹이를 먹는데, 열매와 작은 과실류, 나뭇잎, 새싹을 비롯해 곤충류와 달팽이 같은 작은 동물도 먹는다. 여기저기 흩어진 몇몇 장소에서만 볼 수 있는 베트남소공작은 사람들이 사냥하고, 서식지를 농경지로 개발하면서 개체 수가 감소할 위험에 처해 있다.

수줍음이 많아 남과 잘 어울리지 않는 베트남소공작의 소리 행동은 많이 연구되지는 않았다. 하지만 수컷은 수다스럽게 연달아 소리를 내는데 가르랑 또는 웅얼거리는 소리로 묘사된다. 이 소리를 여러 번 반복해서, 때로는 끊이지 않게 계속해서 점점 크고 거친 소리를 낸다. 이 새를 관찰한 사람들은 이 울음소리를 '이라아르르르라라깍… 아르르르-악-악-악-악… **악-악-악-악**'으로 묘사했다.

청란Great Argus

학명: 아르구시아누스 아르구스(*Argusianus argus*)

청란이 짝을 유혹하려 '꽈-아우' 하고 내는 울음소리

꿩류의 새는 여러 지역에 널리 퍼져 있지만, 아시아에서는 아름다우면서도 다양한 모습을 뽐내는 데 있어 정점에 있는 새다. 가장 놀랄 만한 꿩류의 새로 꼽히는 청란은 말레이 반도, 인도네시아의 수마트라섬, 보르네오섬에만 산다. 청란 수컷은 몸길이가 약 1.8m 넘게 자라고, 대부분 꼬리가 굉장히 긴 반면 암컷의 꼬리는 훨씬 짧다. 몸집이 크지만 수줍음이 아주 많은 청란은 주로 지대가 낮은 숲, 간혹 언덕이 있는 지역에 산다. 대체로 혼자서 천천히 숲 바닥을 따라 거닐면서 먹이를 찾는다. 다른 꿩류의 새와는 달리 흙을 긁어내거나 떨어진 나뭇잎을 샅샅이 뒤져 숨겨진 먹이를 파내지는 않는다. 그저 개미와 다른 곤충류, 나뭇잎과 열매 같은 땅에서 찾은 먹이를 쪼아 먹을 뿐이다.

수컷은 짝이 될 가능성이 있는 암컷에게 구애하려는 수컷은 숲 바닥에 '춤'을 출 무대를 넓게 준비한 다음에 암컷을 유혹하는 소리를 낸다. 그런 다음 춤을 추거나 뽐내는 행동을 한다. 수컷은 아주 큰 소리로 콧방귀를 뀌는 듯한 울음소리를 적어도 두 가지로 낸다. '꽈아-**아우**' 또는 '까우-**아우**' 하고 길게 울려 퍼지는 소리를 여러 번 반복하거나 '홍홍' 또는 '와우' 하고 간격을 두고 소리를 낸다.

관수리|Crested Serpent Eagle

학명: 스필로르니스 케엘라(Spilornis cheela)

관수리가 짝을 부르는 울음소리

🐦 우리나라에서 볼 수 있다.

인도 서부에서 태평양 연안에 이르는 남아시아의 숲과 나무가 우거진 지역에서 종종 하늘 높이 날아오른 관수리를 볼 수 있다. 이 새는 몸집은 제각각이지만 몸체는 항상 어두운 갈색 빛을 띤다. 머리깃은 짧고 숱이 많은데, 경계할 때면 곤두선다. 관수리는 숲, 삼림지대, 대초원, 맹그로브 숲, 나무 농장에서 혼자 또는 짝을 이루어 살며, 영어 이름(serpent, 큰 뱀)이 암시하듯 종종 90㎝나 되는 뱀도 잡아먹는다. 숲 가장자리나 빈터 근처, 수로를 따라 높은 위치에 모습을 드러내고 앉아서, 먹이가 있는지 나무 주변과 땅을 예리하게 살핀다. 뱀이나 다른 먹이, 도마뱀, 개구리, 게 그리고 몸집이 작은 새와 포유동물을 찾으면 재빠르게 내려가서 낚아챈다.

관수리는 소리가 아주 큰 맹금류로 다양한 울음소리를 낸다. 크고 맑게 울려 퍼지는 울음소리를 비롯해 휘파람 소리와 비명을 지르는 소리도 있다. 나무가 우거진 지역을 쌍으로 높이 날아오를 때는, 대개 서로서로 소리를 주고받는다. 흔한 울음소리 하나는 둘이 함께 부르는 소리로, 한 쪽이 '허-**리이우**' 하고 반복하며 시작하면, 상대방이 낮은음으로 '허**루-루-루**' 하고 응답한다.

흰머리솔개 Brahminy Kite

학명: 할리아스투르 인두스(Haliastur indus)

흰머리솔개의 코 막힌 듯한 울음소리

선명한 밤색 깃털로 뒤덮인 몸, 흰색 머리와 가슴, 검은색 날개 끝을 가진 흰머리솔개는 이론의 여지가 없을 만큼 우아하다. 몸집은 중간 크기 정도 되며 성질이 사납고 육식을 하는 맹금류다. 남아시아와 호주의 북부 연안 곳곳에서 볼 수 있으며, 주로 강어귀, 습지, 해안에 서식한다. 때때로 먼 내륙에서도 발견되는데 대체로 물가에 앉아 있다. 흰머리솔개는 가끔 밤새 무리를 지어 앉아서 쉴 만큼 충분히 사교적이다. 먹이는 포유동물, 새, 파충류, 개구리, 물고기, 조개류, 갑각류를 비롯해 썩은 고기까지 다양하다. 흰머리솔개가 먹이를 찾는 방법은 다양하다. 대체로 바다 위, 갯벌 또는 양어장 위를 낮게 날며 먹이를 찾지만, 높은 위치에서 사냥을 하기도 한다. 또한 땅을 거닐며 먹이를 찾고, 날아가는 곤충을 거침없이 뒤쫓거나 다른 새의 먹이를 빼앗기도 한다.

흰머리솔개는 높이 날아오르면서 소리를 낸다. 아마도 높은음으로 길게 '끼에에에' 또는 '끼이이어' 하는 고양이가 우는 듯한 소리가 가장 흔하다. 다른 울음소리는 거칠게 콧소리로 '냐오우'나, 짧게 '녁-녁' 하고 울기도 한다. 더 긴 소리로는 가냘프지만 높은음으로 빠르게 시작해서 숨 가쁜 소리가 뒤따르는 '쯔스으', '헤르헤헤헤헤헤헤' 하는 소리가 있다.

밤색올빼미 Brown Wood Owl

학명: 스트릭스 렙토그람미카(*Strix leptogrammica*)

밤색올빼미가 격정적으로 두 번 '후후' 하고 우는 소리

몸집이 큰 밤색올빼미는 온전히 밤에만 활동해서 눈에 잘 띄지 않는다. 인도, 중국, 동남아시아의 다양한 지역에 산다. 평소 고도가 중간 이상 되는 높은 지대의 빽빽한 숲을 벗어나지 않으며, 사람이 사는 곳에서 멀리 떨어지려는 경향이 있다. 낮에는 높은 나뭇가지에 올라 무성한 나뭇잎 사이에 숨어 지내다가 밤에 사냥을 하러 모습을 드러낸다. 혼자서 또는 암수가 짝을 이루어 설치류, 땃쥐류(shrew), 박쥐 같은 동물성 먹이를 찾는다. 또한 파충류, 큰 곤충류, 다양한 작은 새를 비롯해 비둘기, 구관조, 자고새도 사냥한다.

밤색올빼미는 특히 달밤에 소리를 높여 많이 우는데, 지역에 따라 소리가 다르다. 대표적으로 짧고 떨리는 소리로 굵고 낮게 '후후' 하고 연달아 울다가 더 큰 소리로 '후-후-후 후후르루우' 또는 '후, 후-후-후-후' 하면서 끝낸다. 또 자주 굵고 낮은 소리로 '고케-고케-가-루' 하며 울고, 경계할 때는 '와우-와우' 하고 운다. 일부 지역에서는 간격을 두고 '후우' 하고 격정적인 한 마디를 반복하며, 다른 곳에서는 비둘기처럼 부드럽게 '호-후우' 하거나 '이이이우우우' 하고 비명을 지르기도 한다.

대본청앵무Alexandrine Parakeet

학명: 프시타쿨라 에우파트리아(Psittacula eupatria)

대본청앵무가 먹이를 찾으며 '키-아' 그리고 '키-아아르' 하고 두 번 우는 소리

대본청앵무는 다홍색 부리와 목에 두른 붉은 분홍빛 띠로 구별할 수 있다. 몸집은 중간 크기로 꽁지가 길다. 파키스탄과 아프가니스탄 동부에서 동남아시아 일부에 이르는 지역에 퍼져 있다. 지대가 낮은 숲과 나무가 우거진 다른 대부분의 지역, 맹그로브 숲을 비롯해 나무 농장과 공원에 터를 잡는다. 대본청앵무는 대개 낮 시간에는 작은 무리로 어울려서 생활하지만, 밤에는 수백 마리, 때로는 수천 마리가 모여서 커다랗고 잎이 무성한 나무에 앉아 쉰다. 새벽에는 깜짝 놀랄 만한 새된 소리를 지르며 밤새 쉬던 장소를 떠나 하루를 시작한다. 대본청앵무는 구아바 같은 열매와 씨앗류, 꽃, 꽃꿀과 새잎을 먹는다. 과수원이나 논밭을 갑자기 공격해서 먹이를 찾기도 하는데, 가끔 심각한 피해를 끼친다. 불행하게도 아름다운 이 새의 개체 수가 빠르게 줄어들고 있다. 특히 동남아시아에서는 사람들이 대본청앵무를 잡아서 애완조류로 사고파는 경우가 늘고 있다.

대본청앵무는 대체로 날면서 큰 소리로 거칠게 소리를 지른다고 알려져 있다. '키-아', '키-악' 또는 '키-아아르' 하는 소리가 대표적이다. 다르게는 크고 요란하게 '트르르-이 유우' 하고 울며, 흔히 갈라지는 듯한 소리로 '그-라악… 그-라악' 하고 울기도 한다.

자색비단날개새Ward's Trogon

학명: 하르팍테스 바르디(*Harpactes wardi*)

자색비단날개새가 '클루' 하며 빠르게 반복해서 부르는 노랫소리

자색비단날개새는 굉장히 아름다운 종으로 주로 부탄과 인도 북동부에서 미얀마, 중국 남서부, 베트남 북서부에 이르는 산악 지역에만 깃들여 산다. 상당히 보기가 힘든 이 새는 키가 크고 덩굴이 무성한 나무 숲과 대나무 숲에 살면서, 나방과 메뚜기, 대벌레 같은 큰 곤충을 비롯해 열매와 작은 과실류, 큰 씨앗도 먹는다. 다른 비단날개새처럼 대부분의 시간을 혼자서 있거나 짝과 어울리며 보낸다. 수줍어하지만 사람을 본다고 바로 날아가 버리지는 않는다. 수컷은 고동색이 감도는 회색빛을 띠며 가슴은 붉은색인 반면, 암컷은 갈색빛이 감도는 진한 녹색에 가슴은 노란색이다.

자색비단날개새는 사람들이 있을 때 대개 조용하지만, 몇 가지 울음소리는 확실하게 낸다. 가장 자주 내는 소리는 빠르면서도 부드럽고 풍부한 성량으로 '클루–클루–클루–클루' 하는 연속해서 내는 소리로 점점 빨라지다가 음을 살짝 바꾼다. 쉰 소리로 '휘르–우' 하고 경계할 때 내는 소리도 있다. 또한 비단날개새들은 경우에 따라 다람쥐처럼 찍찍거리는 소리를 내뱉기도 한다.

큰아시아오색조Great Barbet

학명: 메갈라이마 비렌스(*Megalaima virens*)

큰아시아오색조 한 쌍이 주위를 경계하며 쉰 소리로 내는 '키이아' 하는 울음소리

여러 대륙에 사는 오색조는 지구상에서 가장 화려한 새로 꼽힌다. 아름답고 이국적이며 때로는 굉장한 가수이기도 하다. 큰아시아오색조는 파키스탄 동북부와 인도 서북부부터 중국 동부와 동남아시아 일부 지역까지 퍼져 있다. 오색조류에서 가장 몸집이 큰 종으로, 색감이 정말 화려하고, 부리가 크고 단단하며 다부져 보인다. 참으로 독특한 이 새는 대체로 산비탈에 우거진 숲과 나무가 있는 골짜기에 산다. 번식기에는 보통 홀로 다니거나 짝을 지어 생활하지만, 번식기가 아닐 때는 먹이가 많은 곳에 30마리 이상이 무리를 지어 모인다. 오색조는 과일을 먹는데, 큰아시아오색조는 무화과와 야생 자두를 좋아한다. 또한 작은 과실류와 꽃, 나무의 새순 따위도 먹고 곤충을 맛보기도 한다.

큰아시아오색조 수컷과 암컷은 번식기 동안에 자주 노래를 부르는데 대체로 동시에 부르거나 번갈아 가며 함께 노래한다. 가끔 큰아시아오색조가 부르는 노래가 하루 종일 들리기도 하는데, 특히 땅거미가 질 때 많이 들린다. 이 소리는 일부 히말라야 지역 숲에서 들리는 가장 특색있는 울음소리다. 수컷은 보통 크게 공격적인 소리로 '키-아아', '케이-오', 그리고 '피아오' 하고 연달아 소리를 내며, 암컷은 빠르게 '피우-피우-피우' 하고 노래 부른다. 경계할 때는 쉰 소리로 '키이아' 하며 날카로운 소리를 낸다.

황새부리호반새 Stork-billed Kingfisher

학명: 펠라르곱시스 카펜시스(*Pelargopsis capensis*)

황새부리호반새가 '깍-깍-깍-깍' 하며 흔히 우는 소리

상당히 큰 부리를 지닌 황새부리호반새는 몸집이 큰 새다. 남아시아와 인도, 스리랑카부터 동쪽의 대다수 동남아시아 나라에 이르는 광대한 지역에서 볼 수 있다. 지역에 따라 다양한 색상을 띠는데, 어떤 지역에서는 머리 윗부분이 갈색이지만, 필리핀의 일부 지역에서는 머리가 흰색인 동시에 아래쪽도 황갈색이나 적갈색이 아닌 흰색을 띤다. 지대가 낮고 나무가 우거진 습지에 살며, 강가와 호숫가, 논, 해안 그리고 맹그로브 숲 같은 곳에 자주 다니지만 천천히 흐르는 큰 개울도 좋아한다. 대체로 물 위의 나뭇가지에 조용하게 앉아서 먹이를 유심히 살피다가 뛰어들어 잡는다. 먹이는 땅에서도 잡는데, 앉아 있던 높은 나뭇가지로 먹이를 가져가서 여러 번 때려 기절시킨 뒤에 통째로 삼킨다. 주로 물고기와 게를 먹지만, 딱정벌레, 개구리, 도마뱀과 작은 새, 쥐 같은 설치류도 먹는다.

카리스마 넘치는 황새부리호반새는 목소리가 몹시 커서 종종 큰 울음소리로 관심을 끈다. 힘이 넘치는 울음소리가 대표적인데, 쉰 소리로 '깍-깍-깍-깍' 또는 '께-께-께-께' 또는 '끼에-이엑', '끼에-이엑', '끼에-이엑' 하고 깍깍거린다. 날면서 소리를 지르고 웃는 듯한 울음소리를 내는데, 마치 '끼우-끼우', '키-끼우' 또는 '위아-와우', '위르-와우' 하고 들린다. 또 다른 소리로는 즐거운 듯 '피어… 피어… 퍼르' 하고 울기도 한다.

코뿔새Rhinoceros Hornbill

학명: 부케로스 르히노케로스(Buceros rhinoceros)

코뿔새가 우림의 나무 위쪽에서 경적을 울리듯 빵빵거리는 대표적인 울음소리

새를 관찰하려고 동남아시아를 여행하는 사람들에게 가장 인기 있는 관광 상품 중에는 태국의 반도 지역과 말레이시아, 수마트라섬, 자바섬과 보르네오섬에서만 볼 수 있는 코뿔새 관찰이 있다. 이름대로 이 새는 몸집이 아주 크고, 거대한 부리 꼭대기에 움푹 팬 '투구' 모양의 뿔이 멋지게 위를 향해 있다. 대개 쌍을 이루어 번식하고, 번식기가 끝나면 작은 무리로 어울려 다닌다. 하지만 20마리 이상 떼로 모인 큰 무리를 발견한 사람들도 있다. 코뿔새류의 새들은 주로 과일을 먹는데, 이 코뿔새는 서식지인 우림에서 나는 다양한 종류의 무화과를 좋아한다. 또한 곤충류와 청개구리, 도마뱀, 새알도 먹는데, 주로 나무에서 먹지만 땅에서도 이런 먹이를 골라 먹는다. 상당히 인상적인 이 새는 요즘도 쉬거나 둥지를 틀 만한 오래된 큰 나무가 많이 남아 있는 지역에 살고 있다.

코뿔새는 날 준비를 할 때 '끄리이- 꼭, 끄리이- 꼭' 하고 울며, 대체로 날아오른 뒤에도 계속 운다. 앉아 있는 동안에는 짝을 이룬 암수가 종종 함께 노래를 부르는데, 굵으면서 낮은 소리로 힘 있게 소리를 낸다. 수컷이 '혹' 하고 소리를 내면 암컷은 더 높은음으로 '학' 하는 소리로 응답하며, 두 울음소리를 합치면 '혹-학', '혹-학', '혹-학' 하고 들린다.

크낙새 White-bellied Woodpecker

학명: 드리오코푸스 야벤시스(*Dryocopus javensis*)

크낙새가 '께아악' 하고 터뜨리는 가장 흔한 울음소리

🐦 우리나라에서 볼 수 있다.

크낙새는 몸집이 크고, 눈에 띄는 딱따구리류(woodpecker)로 인도, 동남아시아, 중국 남서부와 한반도에 사는 토종 새다.🐦 숲의 다양한 곳에 서식하며, 소나무 숲과 대나무 숲, 숲 가장자리에 깃들여 산다. 죽거나 썩은 나무가 많은 지역을 좋아하고, 주로 이곳에서 먹이를 찾는다. 크낙새는 보통 짝을 이루거나 작은 무리로 어울려서 생활한다. 나무 아래에서 시작해 위로 올라가며 먹이를 찾지만, 키 작은 나무, 쓰러진 통나무와 땅 위에서도 구한다. 또한 딱정벌레와 그 애벌레, 큰 개미, 흰개미 등 곤충류를 비롯해 열매도 찾아 먹는다. 크낙새는 나무에 사는 곤충을 잡기 위해 나무 밑동을 살피거나 쪼고 두드려 나무껍질을 벗기고, 나무에 깊게 구멍을 낸다.

크낙새는 한 음으로 '께아악', '꾸아' 또는 '끼오…' 하고 격정적이고 독특한 울음소리를 낸다. 더 긴 소리도 내는데, 날거나 높은 곳에 앉아서 날카롭게 '끼아우-끼아우-끼아우-끼아우' 또는 '껙-엑-엑-엑-엑' 하고 짧게 끊어서 소리를 내지른다. 짝을 이룬 암수는 부드럽게 서로 주고받으며 낮게 '츠-위, 츠-위, 츠-위' 하고 운다. 또한 부리로 나무를 두드리며 북 치는 소리도 낸다.

🐦북한 지역에는 소수의 개체가 남아 있다고 알려져 있으나, 우리나라에는 1990년 이후 공식 관찰기록이 없으며 지역절 멸 상태로 알려져 있다.

큰금빛등딱다구리Greater Goldenback

학명: 크리소콜랍테스 루키두스(*Chrysocolaptes lucidus*)

큰금빛등딱다구리가 새된 소리로 요란하게 내는 가장 대표적인 울음소리

큰금빛등딱다구리는 빨간 머리깃이 뾰족하고 부리가 길쭉한 빼어난 외모의 새다. 특히 목과 그 아래의 강렬한 흑백 무늬로 유명하다. 등에 불꽃 같은 깃털이 있어 큰불꽃등딱다구리(Greater Flameback)라고도 부른다. 네팔과 인도에서 동쪽으로 이어진 남중국과 동남아시아, 필리핀에 산다. 맹그로브 숲을 비롯해 숲과 그 주변부를 좋아한다. 또한 예전에 티크나무나 고무나무를 키우던 오래되고 썩은 나무가 있는 나무 농장에 자주 드나든다. 큰금빛등딱다구리는 일반적으로 짝을 이루거나 가족 단위로 어울려 생활한다. 대개 큰 나무에서 먹이를 찾는데, 죽은 나무든 산 나무든 상관하지 않는다. 아주 가끔 땅에 내려와 먹기도 한다. 되풀이해서 나무를 쪼아 구멍을 파고, 애벌레와 개미, 나무에 구멍을 내는 딱정벌레 등 다양한 곤충류를 찾는다.

큰금빛등딱다구리는 보통 짧게 '끼익' 또는 '끽' 하고 울지만, 다소 새된 소리로 빠르고 수다스럽게 '티빗팃팃팃팃팃' 또는 '낄낄낏낏낏낏' 하는 울음소리가 더 잘 알려져 있다. 자주 내는 울음소리가 또 있다. 종종 싸울 때 '꾹-꾹' 또는 '케-듀-꼬우' 하며 울고, 날면서는 '튜-튜-튜' 하고 짧게 딱딱 끊어서 운다. 큰금빛등딱다구리 두 마리가 서로 가까이 있을 때는 때때로 '트-윗-윗' 하는 소리를 연속으로 낸다.

줄무늬팔색조Banded Pitta

학명: 피타 과야나(Pitta guajana)

줄무늬팔색조가 격렬하게 '포우' 하고 연달아 울며, 숲 바닥에서 영역을 알리는 소리

팔색조류는 비록 잘 알려지지 않았지만, 세상에서 가장 화려한 새 중 하나로 세계를 여행하며 새를 관찰하는 사람들이 가장 좋아하는 새이기도 하다. 팔색조류는 아프리카, 남아시아, 오세아니아에서 볼 수 있지만, 가장 눈에 띄는 외모를 지닌 줄무늬팔색조는 태국, 말레이시아, 인도네시아에서만 볼 수 있다. 줄무늬팔색조는 지대가 낮은 숲에 서식하는데, 대개 근처에는 석회암 절벽이 있다. 다른 팔색조처럼 사람을 피하기 때문에 찾기가 힘들며, 아름다운 색을 띠지만 주로 어두운 숲 바닥에서 생활하기 때문에 평소 이 새를 감상하기가 쉽지 않다. 줄무늬팔색조는 먹이를 찾아 바닥에서 걸어 다니고 때로는 낙엽층을 발로 치워가며 개미, 흰개미, 애벌레와 딱정벌레 같은 곤충을 찾는다. 또한 지렁이와 달팽이를 비롯해 작은 과실류도 먹는다. 아름다운 이 새는 불행하게도 서식지가 파괴되고 현지에서 사고파는 애완조류로 인기가 높아져 개체 수가 빠르게 감소하고 있다.

줄무늬팔색조는 눈에 띄기보다 소리가 훨씬 더 자주 들린다. 줄무늬팔색조의 소리는 지역에 따라 조금씩 다르다. 보통은 낮은 음으로 조금은 격렬하게 '포우, 포우' 또는 '화우' 하며 짧게 사이를 두고 반복해서 운다. 위험에 처했을 때는 짧게 윙윙거리는 소리로 '끼르르' 또는 '프르르르' 하고 울기도 한다. 어떤 사람들은 부드럽게 '훕' 하는 소리를 들었다고 한다.

자색넓적부리새 Banded Broadbill

학명: 에우릴라이무스 야바니쿠스(Eurylaimus javanicus)

자색넓적부리새가 평소 짧게 '휘우' 하고 운 뒤에 길게 떠는 울음소리

숲에 사는 넓적부리새는 다부진 체격에 머리가 크고 부리는 넓적해서 곤충을 잘 잡을 수 있다. 보통 밝은 계열의 독특한 색을 띤다. 자색넓적부리새는 자줏빛을 띠며 날개는 검은색과 노란색이 어우러져, 넓적부리새류가 갖는 독특한 색상을 잘 보여준다. 동남아시아와 인도네시아 대부분을 포함한 지역에 살며, 보통 근처에 강과 시내, 늪이 있는 숲에 산다. 또한 풀이 무성한 오래된 농장이나 심지어 공원과 정원으로 모험을 떠나기도 한다. 이 새는 메뚜기, 귀뚜라미, 여치 따위의 곤충류와 애벌레를 비롯해 거미류, 작은 달팽이, 열매, 어떤 경우에는 아주 작은 도마뱀도 먹는 것 같다. 짝을 이루거나 작은 무리로 나무 위에 가만히 앉아서 움직이는 먹이를 살피다가 보통 나뭇잎 사이에 있는 먹이를 발견하면 날아가서 잡는다.

자색넓적부리새는 규칙적으로 길게 소리를 내는데, '휘우' 하는 짧은 소리로 시작해서 점점 높아지는 떨리는 울음소리가 길게 5초 정도 이어진다. 때때로 이 노래를 둘이 함께 부르기도 하는데, 처음 노래를 시작한 새가 끝내면 다른 새가 이어 부른다. '끼익-엑-엑' 하고 더 길게 소리내기도 하고, 콧소리로 '휘-우' 하고 짧게 울기도 한다.

푸른무화과새 Asian Fairy-bluebird

학명: 이레나 푸엘라(Irena puella)

푸른무화과새가 위험에 처했을 때 '낏-낏' 하고 우는 소리

푸른무화과새는 남아시아에서 가장 빛이 나는 새로 꼽힌다. 눈이 부시게 광택이 도는 수컷의 짙은 검은색과 푸른색의 깃털은 평소 생활하는 잎이 무성한 녹색의 나무 위쪽과 대비돼서 눈에 잘 띈다. 암컷은 전체적인 색감이 수컷보다는 흐릿한 청록색이다. 튼튼해 보이는 푸른무화과새는 열대숲과 아열대숲에 살며, 인도부터 동남아시아에 이르는 지역과 인도네시아의 여러 섬에서 볼 수 있다. 이 예쁘장한 새는 종종 혼자서 다니거나 7~8마리가 무리지어 생활한다. 대개 나무의 중간 이상 높이에 앉아 있거나 나뭇잎 사이를 날아다니며 작거나 중간 크기의 열매를 딴다. 가끔 꽃에서 꿀도 빨아먹고, 날아다니는 흰개미를 쫓아가서 잡기도 한다. 흔히 다른 종류의 새와 무리를 이루어 나무 위쪽에서 먹이를 찾는다.

푸른무화과새는 주로 큰 소리로 휘파람을 불거나 물 흐르듯 부드럽게 노래를 부른다. 마치 '도-레-미-휴-휴-휴' 그리고 '튤-립', '왜-왓-뚜'처럼 들린다. 여러 가지 울음소리를 내는데, 일부는 채찍을 휘두르는 듯 **'낏-낏!'** 하는 소리가 터져 나온다. 더 부드럽게 내는 울음소리도 많은데, 빽빽한 나뭇잎 사이에서 먹이를 찾으며 '윗-윗' 하고 '왓츠-잇' 하고 내는 소리도 있다.

주홍할미새사촌 Scarlet Minivet

학명: 페리크로코투스 플람메우스(Pericrocotus flammeus)

주홍할미새사촌의 노랫소리

새를 관찰하는 사람들은 매혹적인 주홍할미새사촌의 수컷이 지닌 주홍색과 검은색의 눈부신 색감과 활기가 넘치는 행동 때문에 특히 좋아한다. 이 작은 새는 꼬리가 길고 다소 꼿꼿한 자세로 앉아 있다. 인도를 비롯한 히말라야 지역부터 동남아시아를 거쳐 필리핀에 이르는 지역에 서식한다. 암컷은 생기가 넘치는 노란색과 회색을 띤다. 번식기가 아닐 때는 30마리까지 무리를 지어 나무 위쪽을 촐랑촐랑 돌아다니고, 예쁜 꽁지와 아름다운 색을 띤 날개를 드러내고 날면서 멋진 장면을 보여준다. 게다가 숲이 있는 지역은 물론 키 큰 나무가 많은 과수원과 정원에도 서식한다. 주로 매미, 메뚜기, 귀뚜라미, 애벌레 같은 곤충류를 먹는데, 나뭇잎에 앉아 있다가 먹이를 쫓아 날아간다. 주홍할미새사촌은 과일의 달콤함에 이끌려 온 곤충을 잡으려는 듯 잘 익은 과일이 주렁주렁 달린 나무에도 찾아간다. 또한 꽃 위를 잠시 맴돌며 숨어 있는 곤충도 찾는다.

주홍할미새사촌의 노래는 꽤 단순한데, 풍부한 성량으로 부르는 맑고 날카로운 휘파람 소리로 이루어진다. 그 특징은 '윕-윕-윕-윗-윕' 또는 '스윕-스윕-스윕-스윕', '스위잇-스위잇-스위잇' 하고 다양하게 묘사된다. 어떤 새는 '스윕' 같은 노랫소리를 한 음으로 반복해서 내기도 한다.

주황배나뭇잎새 Orange-bellied Leafbird

학명: 클로롭시스 하르드비키이(*Chloropsis hardwickii*)

아름다운 주황배나뭇잎새가 아시아 지역의 나무 위쪽에서 우는 소리

나뭇잎새는 동남아시아 지역을 상징하는 굉장히 아름다운 새로, 이 지역 새의 생태를 담은 책 표지에 삽화로 자주 등장한다. 나뭇잎새는 모두 11종으로 밝은 나뭇잎 색을 띠어 이름에도 나뭇잎이 붙었다. 그중 수컷 주황배나뭇잎새는 몸 아랫부분이 주황빛이 도는 노란색이고 얼굴은 검어서 나뭇잎새류 중에서 가장 두드러진 매력을 뽐낸다. 암컷은 얼굴에 검은색이 없어서 수컷보다 덜 화려하다. 이 사랑스러운 새는 동남아시아, 남중국, 북인도 지역 숲의 나무 위쪽에서 서식한다. 주황배나뭇잎새는 초록빛 나뭇잎 사이에서는 발견하기 쉽지 않으며, 혼자 또는 짝을 지어 다니거나 작은 무리를 이루어 이동한다. 평소 나무의 바깥쪽 잎 주변에서 먹이를 찾는데, 거미와 애벌레 같은 곤충류를 먹는다. 또한 날아다니는 나방이나 나비도 잡고, 꽃의 꿀도 먹는다. 열매도 먹는데, 작은 열매는 통째로 삼키지만 큰 열매는 부리로 뚫고 으깨서 먹는다.

주황배나뭇잎새는 대개 잘 보이는 나무꼭대기에 앉아서 선율이 있는 노래를 부른다. 이 노래는 대체로 울려 퍼지는 소리를 포함해서, '치왓쉬쉬-왓쉬쉬-왓쉬쉬', '피짓-쯔, 피짓-쯔, 피릿- 피짓-쯔, 피짓-쯔, 피릿-', 그리고 '핏- 피요피요피요찟 표로표로, 찟- 치피오, 치피오, 치피오, 찟-, 피표로찟, 피표로찟, 피표찟, 핏쬬로쬬로 핏 쥬뻿-' 하는 것처럼 다양한 소리로 이루어져 있다. 짧은 울음소리는 '퓨이이우-휴' 하는 발음이 불분명한 소리도 있고, '프리즈' 하고 숨을 헐떡이는 듯한 소리로도 들린다.

긴꼬리때까치 Long-tailed Shrike

학명: 라니우스 스카크(Lanius schach)

긴꼬리때까치 수컷이 뽐내며 부르는 대표적인 노랫소리

🐦 우리나라에서 볼 수 있다.

멋진 외모에 몸집이 중간 정도 되는 긴꼬리때까치는 작은 매처럼 대담하게 행동하는 명금류다. 다른 때까치류처럼 생쥐, 작은 새, 도마뱀, 개구리, 게, 심지어 커다란 곤충류도 잡아서 가시나 다른 날카로운 물체에 꽂거나 틈에 밀어 넣는다. 때때로 '도살자 새 (butcherbird)'라고도 불리는 때까치는 더 쉽게 먹이를 잘라 먹고, 또 보관한 뒤 나중에 먹기 위해 이러한 행동을 한다. 긴꼬리때까치는 특히 탁 트인 곳에 앉아서 먹이를 살피며 사냥을 하는데, 먹이가 움직이는 낌새를 채면 단숨에 날아내려 땅에서 낚아챈다. 작은 먹이는 바로 먹지만, 큰 먹이는 높은 곳으로 가져가 신속히 해치운 뒤 먹어버린다. 어떤 경우에는 먹이를 꽂아 놓기만 한다. 긴꼬리때까치는 광대한 지역에 퍼져 있는데, 아프가니스탄과 파키스탄에서 남쪽과 동쪽으로 이어진 인도, 중국, 동남아시아와 오세아니아 북서부의 뉴기니섬에 서식한다. 너른 벌판에 사는 새로 숲 가장자리, 빈터, 길가와 정원에 자주 다닌다.

긴꼬리때까치는 무언가를 긁는 소리, 지저귀는 소리를 합쳐 특정한 패턴 없이 노래를 부른다. 대개 다른 종류의 새가 내는 울음소리를 흉내 낸 소리로 이루어졌다. 여기에는 발음이 불분명한 '냐오우, 냐오우' 하는 콧소리, 그리고 윙윙거리는 듯한 '그르릉' 소리 또는 '그르즈으으' 하는 쉰 소리도 포함된다. 경계할 때는 '차악-차악' 하고 소리를 길게 끌며 운다.

붉은속곳직박구리Red-vented Bulbul

학명: 피크노노투스 카페르(*Pycnonotus cafer*)

붉은속곳직박구리 수컷의 대표적인 노랫소리

직박구리는 열대 기후의 아시아와 아프리카 지역 곳곳에서 흔히 볼 수 있는 명금류다. 사람들이 다른 지역으로 데려가도 잘 사는 것을 보면 환경에 적응을 잘한다. 붉은속곳직박구리는 본래 남아시아에만 서식했지만 지금은 태평양의 피지와 하와이를 비롯한 여러 섬에도 산다. 키 작은 나무와 풀이 많은 지역, 과수원, 정원, 길가 같은 건조하고 탁 트인 서식지를 좋아한다. 짝을 이루거나 작은 무리를 지어 나무나 덤불에서 먹이를 찾는다. 주로 열매를 먹지만 곤충류 일부와 꿀도 먹는다.

직박구리는 노래 실력이 출중해서 애완용으로 인기가 높다. 붉은속곳직박구리의 노래는 '크레잉-케-그르', '비-퀵-퀵(be-quick-quick, 빨리빨리)' 또는 '비-케어-풀(be-care-ful, 조심해)'처럼 들린다. '삡-삡-삡' 하거나 거칠게 '틱-유흐르흐' 하는 소리도 낸다.

흰죽지나무까치 Rufous Treepie

학명: 덴드로키타 바가분다(*Dendrocitta vagabunda*)

흰죽지나무까치가 내는 흔한 소리

나무에 사는 흰죽지나무까치는 까마귀와 비슷한 종으로 파키스탄부터 동남아시아에 이르는 남아시아 지역에서 흔히 볼 수 있다. 조심성이 많아 나무의 높은 곳에 머물지만, 때로는 도마뱀붙이(gecko)를 쫓아 건물에 들어갈 만큼 대담하다. 산림, 농경지, 그리고 마을, 공원, 정원에서 자라는 커다란 나무에 산다. 대개 짝을 지어 다니거나 가족이 무리를 이룬다. 나무 위쪽에서 먹이를 먹고 땅에는 잘 내려오지 않는다. 곤충류와 새알, 새끼 새, 도마뱀, 그리고 작은 설치류를 먹는다. 또한 열매, 작은 과실류, 씨앗도 먹는다.

흰죽지나무까치는 금속이 부딪히는 듯한 소리가 특징이다. 플루트의 금속성 소리처럼 '코-낄-라' 또는 '꼬-꿀-리이' 또는 '코끌리, 코끌리' 하고 들리는 흰죽지나무까치의 울음소리는 이 새가 사는 시골 지역에서 흔히 들을 수 있다. 경계할 때는 수다스럽게 '까까깍깍깍깍깍 까-' 하고 내뱉는다.

풀빛까치 Common Green Magpie

학명: 키사 키넨시스(Cissa chinensis)

풀빛까치가 거칠게 내는 다양한 울음소리 중 하나

새를 관찰하는 사람들에게는 안된 일이지만 풀빛까치는 아름다운 연둣빛이라 무성하고 푸르른 숲에서 굉장히 잘 숨을 수 있다. 또한 수줍은 성격 탓에 대부분 빽빽한 나무 위쪽에 머문다. 흥미로운 사실은 풀빛까치가 무성한 숲을 벗어나 탁 트인 곳으로 자주 나가 햇빛을 많이 쬐면 초록색 깃털이 파란색으로 변한다는 것이다. 이 새는 까마귀류(crow)나 어치류(jay)에 속하며 인도의 히말라야 서북부 산기슭부터 동남아시아에 걸쳐 퍼져 있다. 매력적인 풀빛까치는 보통 짝을 이루거나 작은 무리로 어울려 중간 높이 나뭇잎층과 그 아래의 낮은 나뭇잎층 사이, 키 작은 나무 사이를 날아다니거나 땅을 거닐며 먹이를 찾는다. 큰 곤충류, 양서류, 작은 파충류와 작은 새처럼 주로 동물을 먹고, 어쩌면 일부 열매와 죽은 동물도 먹을지 모른다.

풀빛까치는 시끄럽고 크며, 날카로운 소리를 다양하게 낸다. 대부분은 높은음으로 '위-치-치 자오, 위-치-치 자오 위칫칫, 위-치-치 자오' 하고 연달아 운다. 또한 거칠게 '깍-악-악-악-악' 또는 '차까까깍-위' 하는 소리를 연이어 낸다. 짧게 '위이어-윗', '끽-끼' 하거나 날카롭게 '끼익' 하며 울기도 한다.

붉은꾀꼬리Maroon Oriole

학명: 오리올루스 트라일리이(*Oriolus traillii*)

붉은꾀꼬리가 베트남 숲에서 우는 소리

수줍은 성격의 붉은꾀꼬리는 키 큰 나무의 높직하게 난 무성한 나뭇잎 사이에 숨어 있고는 한다. 수컷은 자줏빛이 도는 붉은색에 검은 날개가 두드러져서 눈에 잘 띈다. 암컷은 등이 탁한 갈색이고, 희끄무레한 배 위에 줄무늬가 있다. 히말라야에서 중국 남서부와 동남아시아에 이르는 지역의 울창한 숲과 숲 기장자리에 깃들여 산다. 나뭇잎이나 잔가지에서 곤충류를 골라 먹는다.

꾀꼬리의 노래는 매력적이며 선율이 있어 쉽게 알아챌 수 있다. 붉은꾀꼬리는 주로 부드러운 소리를 짧고 빠르게 연달아 내며, '삘-로이-로', '삐-오호-우' 하고 노래한다. 붉은꾀꼬리의 울음소리는 '냐엣-냐우우우우' 하는 고양이 같은 소리, '휘오오오…' 하고 길게 뽑는 소리, 꽥꽥 울거나 꾸르륵거리는 소리, 휘파람 소리 등 다양하다.

흰목부채꼬리White-throated Fantail

학명: 르히피두라 알비콜리스(*Rhipidura albicollis*)

흰목부채꼬리 수컷이 번식기에 내는 소리

아시아와 오세아니아 서남부에 사는 부채꼬리는 몸집이 작고 곤충을 잡아먹는다. 꼬리를 부채처럼 반복해서 접었다 폈다 해서 부채꼬리라는 이름이 붙었다. 아마도 숨어 있는 곤충에게 겁을 줘서 탁 트인 곳으로 몰아 잡아먹기 위해 꼬리를 움직이는 듯하다. 흰목부채꼬리는 숲과 대나무 서식지, 나무가 많은 정원에서 매우 활동적이고, 파키스탄과 인도부터 중국과 동남아시아에 이르는 지역에 퍼져 있다. 가장 굵은 나무줄기 근처인 중간 높이의 나뭇잎층에서 먹이를 찾는 경향이 있다.

흰목부채꼬리가 부르는 대표적인 노래는 '트리 리리 리리 리리 리리' 또는 '츄 싯 츄 싯 싯 싯 싯-츄'처럼 사이사이에 적당한 간격이 있는 어여쁜 휘파람 소리나 딸랑딸랑 울리는 소리다. 짧은 울음소리는 '치익, 직, 윅' 그리고 '스킷'처럼 날카롭고 퉁명스럽다.

큰채꼬리바람까마귀Greater Racket-tailed Drongo

학명: 디크루루스 파라디세우스(*Dicrurus paradiseus*)

큰채꼬리바람까마귀가 큰 소리로 내는 대표적인 울음소리

멋있는 큰채꼬리바람까마귀는 새를 관찰하는 사람들에게 색다른 장면을 선물한다. 몸체는 광택이 나는 검은색을 띠고, 정수리에는 투구 같은 머리깃이 있다. 꽁지깃 끝부분은 아주 멋지게 전선처럼 길게 뻗어 있는데, 그 끝에는 펜던트가 달린 듯하다. 바람까마귀류는 이 정교한 꽁지와 길고 뾰족한 날개 덕분에 하늘을 자유자재로 날아다닐 수 있고, 날아다니는 곤충을 잡는 능력도 더 좋아진 것 같다. 큰채꼬리바람까마귀는 인도와 스리랑카에서 중국과 동남아시아에 이르는 지역에 퍼져 있다. 숲에 살지만 나무 농장도 방문한다. 작은 파리를 비롯해 큰 나비와 딱정벌레 등 매우 다양한 곤충을 먹는데, 종종 숲의 중간 높이 아래에서 무리를 지어 먹이를 먹는다. 대담하기도 한 큰채꼬리바람까마귀는 때때로 더 큰 새가 아주 가까이 날아오면 공격을 하는데, 거대한 코뿔새도 예외는 아니다.

큰채꼬리바람까마귀는 큰 소리로 다양하게 노래를 부른다. 때로는 듣기 좋은 휘파람 소리를 내고, 어떤 때는 날카롭게 찍찍 우는 소리나 쇳소리와 종소리를 내기도 한다. 어떤 지역에서는 '투-윗, 클리-우, 투-윗, 클리-우'처럼 들리는 몇 가지 날카로운 소리를 낸다. 더 길게 우는 소리는 '빗-빗-빗' 하는 휘파람 소리 또는 '클링-클링-클링' 하는 종소리와 비슷하다.

아이오라Common Iora

학명: *아이기티나 티피아(Aegithina tiphia)*

아이오라가 짝을 유혹할 때 부르는 노랫소리

남아시아에 사는 아이오라는 몸집이 작고 초록빛이 깃든 노란색이다. 먹이를 찾아 곡예를 하듯 나뭇잎 사이를 활기차게 날아다닌다. 중국 남부, 동남아시아와 인도에서 볼 수 있는 아주 어여쁜 토종 새다. 탁 트인 숲, 숲 가장자리, 나무 농장, 나무가 자라는 길가, 맹그로브 숲과 공원에 즐겨 산다. 대개 혼자 또는 짝을 지어 질서 있게 나무와 덤불 위를 총총 뛰어다니며 열매를 찾는다. 송송 곤충류를 비롯해 자기가 고른 먹이에 닿으려 잔가지에 거꾸로 매달린다. 암컷은 대체로 수컷보다 훨씬 엷은 색을 띤다.

아이오라 암수는 대개 먹이를 찾을 때 서로 소리를 주고받는다. 대부분이 휘파람 소리로, 일부는 '디-디-뒤우 뒤-오 뒤-오 뒤-오' 그리고 '디-두 디-두'처럼 들리며, 또 다른 소리는 '치-칫-칫-칫'처럼 들린다. 소리를 길게 늘이다가 뒤에 음을 훨씬 낮춰서 '위이이이이-피우' 또는 '위이이이-테우' 하고 간단하게 부르는 노래도 있다.

흰눈썹울새Bluethroat

학명: 루스키니아 수에키카(Luscinia svecica)

흰눈썹울새가 번식기에 부르는 변칙적인 노랫소리

우리나라에서 볼 수 있다.

몸집이 작고 어여쁜 흰눈썹울새는 눈부신 푸른 턱받이가 있다. 남아시아와 동아시아에서 아프리카 북부에 이르는 지역, 유럽과 알래스카까지 4개 대륙에 산다. 대체로 잘 숨고, 땅바닥이나 그 근처에서 먹이를 찾는다. 긴다리로 논과 덤불이나 키 큰 풀이 자라는 곳, 수로를 따라 키 작은 나무가 자라는 곳을 뛰어다닌다. 흰눈썹울새는 곤충류, 달팽이, 씨앗류, 작은 과실류를 먹이로 삼는다. 번식기가 아닐 때는 조용해서 보기가 어렵다.

흰눈썹울새는 키 작은 나무 꼭대기에 앉아서 개성 넘치는 노래를 부른다. 윙윙거리는 소리, 떨리는 소리와 새된 소리를 비롯해 다양한 소리를 연달아 낸다. 어떤 노래는 또렷하게 울려 퍼지는 소리로 '트리 트리 트리 트리' 또는 '팅 팅 팅' 또는 '즈리 즈리 즈룻트' 하며 시작한다. '착' 또는 '트륵' 하며 끝소리를 흐리거나, '쉬틱-쉬틱' 하는 새된 소리와 '치이-착-착' 하는 날카로운 소리도 있다.

진홍가슴Siberian Rubythroat

학명: 루스키니아 칼리오페(*Luscinia calliope*)

'휘-오' 하고 맑게 울려 퍼지는 진홍가슴의 흔한 휘파람 소리

우리나라에서 볼 수 있다.

진홍가슴 수컷은 영어 이름(rubythroat)에서 알 수 있듯 목이 눈부신 붉은색으로 치장되어 있지만, 암컷의 목은 수수한 엷은 회색이다. 몸집이 작은 진홍가슴은 땅에 사는데, 일본과 필리핀을 비롯해 아시아 대부분을 둘러싼 지역에 넓게 퍼져 있다. 빽빽한 덤불 주변, 기다란 풀이나 갈대 주변에서 발견되는데, 대체로 근저에 물이 있다. 빠른 걸음으로 총총 뛰어다니며 먹이인 곤충과 씨앗을 찾으면 달음박질친다. 꼬리를 꼿꼿이 세울 때는 날개를 아래로 축 내려뜨린다고 알려져 있다.

진홍가슴의 노래는 대개 경쾌하고 긁는 듯한 지저귐인데, 다른 새들의 울음을 흉내 낸 소리가 섞일 때가 많다. 또렷한 휘파람 소리로 '이-우' 또는 '세-익' 하며 울고, 굵고 낮게 '슉' 또는 '츅, 그리고 '책' 하고 울기도 한다.

맹그로브파랑딱새 Mangrove Blue Flycatcher

학명: 키오르니스 루피가스트라 (*Cyornis rufigastra*)

맹그로브파랑딱새가 자신의 영역을 알리고 짝을 유혹하는 노래

잘 알려지지 않은 맹그로브파랑딱새는 필리핀과 인도네시아를 비롯한 동남아시아에 사는 몸집이 작은 매력적인 새다. 주로 맹그로브 숲과 그 주변, 해안의 만(灣)과 석호 근처에 서식하는데, 숲과 숲 가장자리, 키 작은 나무가 자라는 곳을 비롯해 길가에 난 풀과 나무처럼 다양한 곳에 산다. 이 작은 새는 보통 혼자서 또는 짝을 지어 맹그로브나 다른 나무의 중간 이하 높이에서 곤충류를 찾는데, 대체로 땅 가까이에서 먹이를 찾는다.

맹그로브파랑딱새는 종종 높이가 3m도 되지 않는 낮은 나뭇가지에서 노래한다. 노랫소리는 보통 맑게 지저귀는 대여섯 가지 음으로 이루어지며 '다, 데, 도, 다 데르, 도'처럼 들린다. 짧게 끊어서 '찍-찍-찍-찍-찍' 하고, 짧게 '프슷' 하며 울기도 한다.

구관조Common Hill Myna

학명: 그라쿨라 렐리기오사(Gracula religiosa)

아주 다양한 구관조 울음소리 중 하나

구관조는 아주 흥미로운 새다. 새장에 가두어 키우면 사람 말을 흉내 낸다고 명성이 자자하다. 인도, 남중국, 동남아시아의 토종 새지만, 구관조가 흉내 내는 소리에 푹 빠진 사람들이 다른 지역으로 데려가 현재는 미국 플로리다와 서인도 제도에 있는 푸에르토리코(미국 자치령)처럼 멀리 떨어진 외딴곳에서도 야생으로 산다. 활발한 구관조는 숲속, 숲 가장자리 나무에 머물고, 때로는 먹이를 찾으러 키 작은 나무로 내려올 때도 있다. 사교적이며, 대체로 짝을 짓거나 작은 무리를 이루어 나무 높직이 앉아 있다. 주로 열매와 작은 과실류를 먹이로 삼지만, 꽃의 새순과 꿀, 그리고 곤충도 먹는다. 때때로 무리를 지어 열매가 많이 열린 나무에 모여서, 코뿔새와 오색조처럼 열매를 먹는 다른 새와 함께 시끌시끌하게 먹이를 찾는다.

구관조는 소리가 너무도 다양해서 휘파람 소리, 끼익 하는 날카로운 소리, 울부짖는 소리와 낮게 꺽꺽거리는 소리를 늘어놓는다. 크고 맑은 구관조의 울음소리는 이들이 사는 숲에서 가장 두드러지게 들린다. 날카롭게 '티-옹' 또는 '클리-옹' 하고 휘파람을 부는 듯한 울음소리가 흔하고, 다른 소리로는 '치엑' 하는 소리를 비롯해 '플리유우' 하고 끝이 불분명한 소리도 내는데 마치 폭탄이 떨어지는 소리 같기도 하다.

왕관박새Sultan Tit

학명: 멜라노클로라 술타네아(*Melanochlora sultanea*)

왕관박새가 숲에서 내는 다양한 울음소리 중 하나

명금류인 이 화려한 새는 4개 대륙에 퍼져 있는 박새류 중에서 가장 크다. 20cm 정도 되는 왕관박새는 네팔, 인도, 방글라데시에서 동남아시아와 중국의 일부 지역에 걸쳐 깃들여 산다. 수컷은 광택이 나는 검푸른 색과 밝은 노란색을 띠지만, 암컷은 검은빛이 도는 진녹색을 띠며 광택이 없이 칙칙하다. 이 새의 솟은 머리깃은 아주 화려하고 긴데, 흥분할 때는 꼿꼿이 세운다. 왕관박새는 숲과 숲 가장자리에서 키가 큰 나무의 꼭대기 또는 중간 부분을 선호한다. 먹이를 찾을 때는 홀로 다니거나 짝을 이루고, 10마리 내외의 작은 무리로 모인다. 갑자기 빠르게 움직이며 거의 쉴 새 없이 돌아다니는 특징이 있는데, 나뭇잎 사이로 길을 만들고 종종 기이한 각도로 나뭇잎과 잔가지에 매달려서 곤충과 거미를 잡아먹는다. 새순, 씨앗과 열매도 일부 먹는다.

왕관박새의 노랫소리는 불분명한 휘파람 소리를 단순하고 분명하게 반복하는 듯하다. 어떤 노래는 '피유-피유-피유-피유-피유', '츄-츄-츄-츄-츄', 그리고 '프리잇-프리잇-프리잇'처럼 들린다. 소리가 다양한데, 조금 긴 소리로는 '께 어리-께어리-께어리' 하며 끽끽거리는 소리, 짧은 소리로는 활발하게 '튜이-웁' 또는 '찌-딥', 거칠게 '크르쉬이-크르쉬이' 하고 긁히는 소리와 '지인트-지인트' 하고 내는 쇳소리도 있다.

점무늬가슴웃는지빠귀 Spot-breasted Laughingthrush

학명: 가룰락스 메룰리누스(*Garrulax merulinus*)

점무늬가슴웃는지빠귀가 풍부한 성량으로 부르는 선율이 있는 노랫소리

점무늬가슴웃는지빠귀는 덤불 속에 잘 숨는 다소 희귀한 남아시아의 텃새다. 인도 동북부부터 동쪽으로 이어진 중국 남서부와 동남아시아에서 볼 수 있다. 숲 가장자리, 잡초가 무성한 빈터, 대나무 숲을 터전으로 삼는다. 빽빽한 덤불 밑에서 먹이를 찾고, 보통 혼자 또는 10~20마리 정도 무리를 지어 다닌다. 총총 뛰어다니며 잎을 뒤적이고 부리로 구석진 곳이나 틈을 찔러서 곤충류와 다른 작은 무척추동물을 찾아 먹는데, 씨앗류 일부와 열매도 먹는다.

이 새의 잘 숨는 특성 때문에 소리 연구가 널리 진행되지는 못했다. 그러나 새를 관찰하는 사람들은 이 새가 풍부한 성량으로 아름다운 노래를 부른다는 점에 주목한다. 맑고 듣기 좋은, 휘파람을 부는 듯한 소리를 특정한 형식 없이 연달아 길게 낸다. 종종 다른 새를 흉내 내는 소리를 넣어 노래를 부르는데, 오색조와 자고새, 다른 웃는지빠귀류를 따라 한다. 또한 기침하듯 꾹꾹거리는 소리도 낸다.

노란멱상사조Silver-eared Mesia

학명: 레이오트릭스 아르겐타우리스(Leiothrix argentauris)

노란멱상사조 수컷이 부르는 노래

노란멱상사조는 놀라운 색감을 지닌 몸집이 작은 명금류로 흰귀울새(silver-eared leiothrix)라고도 불린다. 히말라야 지역과 미얀마, 인도네시아 일부 지역을 비롯한 동남아시아의 토종 새다. 덤불이 많은 숲이나 숲 가장자리와 빈터 같은 곳에 산다. 주로 덤불에서 먹이를 찾지만 때때로 나무 위쪽에서도 찾는다. 짝을 이루거나 30마리 이상 무리를 지어 다닌다. 가만히 있지를 못하고 나뭇잎 사이를 촐랑촐랑 돌아다니며 곤충과 열매를 찾는다. 흔히 다른 종류의 새와 무리를 지어 어울리며 먹이를 찾기도 한다.

노란멱상사조는 현을 퉁기듯 쾌활한 노래를 부른다. '케, 츄, 치위, 츄우' 또는 '케, 츄-츄, 케릿'처럼 적절한 간격을 두고 반복해서 휘파람을 불고 재잘거리는데, 대체로 음이 점점 낮아진다. 어떨 때는 수다스럽게 '삐-삐-삐-삐-삐-삐-삐' 하고 길게 운다.

큰부리뱁새 Great Parrotbill

학명: 코노스토마 오이모디움(*Conostoma oemodium*)

큰부리뱁새가 자기 영역을 알리는 노랫소리

아시아에만 사는 뱁새류는 부리가 넓고 짤막하며 튼튼해서 대나무 조각의 껍질을 솜씨 있게 벗겨 낼 수 있다. 큰부리뱁새는 네팔, 부탄 그리고 인도의 동북부를 아우르는 히말라야 지역을 비롯해 미얀마 북부와 중국 남서부에 서식하는 희귀한 새다. 해발고도가 3,000m 이상 되는 높이에서 사는데, 여름에는 3,600m 정도의 고산지역에서도 서식한다. 한 쌍 또는 최대 12마리까지 무리를 지어서 빽빽한 덤불에 머물고, 키 작은 나무와 풀 사이에서 천천히 먹이를 찾는다. 때로는 땅에서 총총거리며 뛰거나 기어 다니며 곤충, 작은 과실류와 씨앗, 새싹을 찾아 먹는다. 수줍음이 많은 새는 아니지만, 보통 서식지인 대나무 숲과 진달래 같은 떨기나무가 있는 덤불을 벗어나지 않기 때문에 눈에 잘 띄지 않는다.

큰부리뱁새는 큰 소리로 부드럽고, 듣기 좋은 노래를 부른다. 보통 휘파람 소리 2~4개를 엮어서 부르며 멈칫했다가 연속해서 소리를 낸다. 그 소리는 '트루, 드리, 드리우'나 '휩-휘우, 우-칩 우-칩, 입-휘입'처럼 들린다. 또한 울음소리도 다양한데, 새된 소리로 수다스럽게 '크랭크-랭크-랭킷' 하거나 '트르르르릇' 하고 재잘대며, 경계할 때는 '츄르르르르르르르' 하고 울기도 한다

상사조Red-billed Leiothrix

학명: 레이오트릭스 루테아(Leiothrix lutea)

상사조가 뚝뚝 끊어가며 부르는 긴 노랫소리

몸집이 작고 다부진 상사조는 꼬리치레로 알려진 규모가 아주 큰 분류군에 속한다. 여기에 속하는 다른 새처럼 상사조도 사교적이고 소리가 꽤 크다. 다른 꼬리치레는 대부분 특징이 없는 회갈색을 띠지만, 상사조는 노란색과 주황색 깃털로 아름답게 꾸미고 있다. 숲 가장자리와 숲속 빈터, 험한 산골짜기와 키 작은 나무가 자라는 지역의 빽빽한 덤불에서 서식한다. 보통 짝을 짓거나 4~6마리가 작은 무리로 어울려 다니면서 두터운 덤불과 땅에서 활발하게 먹이를 찾고, 가끔 나무 위로 올라가서 곤충류, 열매, 씨앗류를 찾는다. 중국 일부 지역, 인도와 동남아시아에 사는 토종 새인데, 19세기 초에 사람들이 하와이로 가져갔기 때문에 지금은 하와이의 몇몇 섬의 야생에서도 볼 수 있다.

상사조는 15가지나 되는 소리를 연이어서 청아하게 지저귀며, 대개 빠르게 뚝뚝 끊어가며 노래를 부른다. '즈흐리-즈흐리' 또는 맑게 '푸-푸-푸-푸-푸'하는 다른 소리를 내기도 한다. 쉰 소리로 '쩌크' 또는 '쉬립' 하고 울고, 경계할 때는 수다스럽게 '쪼리티-쪼리티-쪼리티' 하고 울기도 한다.

줄무늬거미잡이Streaked Spiderhunter

학명: 아라크노테라 마그나(*Arachnothera magna*)

줄무늬거미잡이가 날면서 내는 울음소리

열대 아시아에 사는 작은 줄무늬거미잡이는 거미잡이류에 속하는 10종 중의 하나로, 아래로 휜 매우 긴 부리가 있다. 이 부리를 이용해 벌새처럼 꽃에서 꿀을 빨아먹는데, 꿀뿐 아니라 거미줄에 붙은 곤충류와 거미류도 많이 먹어서 거미잡이라는 이름이 붙었다. 줄무늬거미잡이는 동남아시아 전역을 비롯해 중국 남부와 방글라데시, 네팔과 인도 동북부에서도 볼 수 있다. 빽빽한 덤불이 층층이 쌓인 숲을 좋아하는데, 특히 바나나 나무를 좋아한다. 주로 키 큰 나무에서 대부분 먹이를 구하지만, 비교적 키 작은 바나나 나무에 내려와서 꽃을 따먹기도 한다. 움직임이 빠른데, 대개 혼자 또는 짝을 이루어 힘차고 재빠르게 나무 사이를 이리저리 날아다닌다.

줄무늬거미잡이는 보통 '피유빗, 피유…' 하는 귀에 거슬리는 소리로 시작해서 요란스럽게 노래를 부른다. 짧게 '치티티티티티티티티팃' 하고 재잘거리거나 큰 소리로 '칫-틱' 또는 '칫터럽' 하는 다양한 울음소리를 낸다. 또한 날면서 날카롭게 '치잇' 한 뒤 '까-틱' 하는 소리를 반복해서 내기도 한다. 먹이를 먹을 때는 부드럽게 '칩' 하는 소리를 내고, 흥분한 경우에는 '억-억-억' 하는 소리를 낸다.

주황배꽃새 Orange-bellied Flowerpecker

학명: 디카이움 트리고노스티그마(*Dicaeum trigonostigma*)

싱가포르에서 주황배꽃새가 흔히 우는 소리

몸집이 아주 작은 총알 모양을 한 꽃새류는 남아시아와 오세아니아 남서부에 산다. 주황배꽃새 수컷은 주황색과 파란색을 띠며, 의심할 여지없이 꽃새류 중에서 가장 눈에 띄는 새로 꼽힌다. 암컷은 대부분 광택이 없는 회갈색을 띠기에 수컷만큼 눈부시지는 않지만, 배와 엉덩이에 있는 주황색 무늬가 주황배꽃새라는 것을 말해준다. 인도부터 동쪽으로 필리핀을 포함한 동남아시아에 걸쳐 볼 수 있다. 지대가 낮은 숲에 사는데, 특히 숲 가장자리뿐 아니라 빈터, 정원, 맹그로브 숲에서도 서식한다. 재빠르게 나뭇잎 사이를 옮겨 다니며 먹이를 찾을 때는 나무의 높이를 가리진 않지만 높은 나무 위쪽을 좋아한다. 평소 혼자 다니거나 짝과 어울려서 부드러운 열매와 작은 과실류, 씨앗, 꽃꿀과 꽃가루를 먹고, 꽃나무와 과일나무에서 자그마한 곤충류도 먹는다.

주황배꽃새는 노랫소리가 다양하다. 일반적으로 윙윙거리며 꽤 높은음으로 노래를 부른다. '찌-시-시-시-슈', '프시-프시-프시-프시-프시' 하는 소리로 들리고, 날카로운 쇳소리로 '쁘띳-쁘띳-쁘띳-쁘띳-쁘띳' 하는 소리도 들린다. 날카롭게 '찍' 하는 소리, 낮고 새된 소리로 '첩', 길게 '지이이이' 그리고 윙윙거리며 '브르르-브르르' 하는 다양한 울음소리가 있다. 꽃새는 나는 동안 '짓-짓-짓' 하고 울기도 한다.

홍작 Red Avadavat

학명: 아만다바 아만다바(*Amandava amandava*)

홍작의 소리들 중 '프십'처럼 들리는 신호 소리

홍작은 파키스탄, 인도, 네팔, 남중국과 동남아시아에 사는 토종 새로, 몸집이 아주 작고 아름답다. 사람들이 새장에서 애완용으로 기르기 위해 예쁜 홍작을 다른 지역으로 데려 갔으며, 이로 인해 오랜 시간이 흐른 지금은 아주 멀리 떨어진 태평양 중부의 피지와 하와 이, 필리핀은 물론 이탈리아에서도 터를 잡고 번식하는 텃새가 되었다. 수컷은 붉은색에 흰점이 찍혀 있고, 암컷은 회갈색에 흰점이 찍혀 있어서 '딸기되새(strawberry finch)' 라고 부르기도 한다. 홍작은 탁 트인 풀밭을 비롯해 초원, 습지, 키 작은 나무가 자라는 지 역, 논과 농경지에도 산다. 상당히 사교적이어서 번식기가 아닐 때는 보통 최대 30마리 까지 무리를 지어 이동한다. 종종 참새 같은 다른 새와도 무리를 이루어 먹이로 삼는 풀 씨와 다른 작은 씨앗류를 찾는다.

홍작은 아주 부드럽게 노래를 불러서 가까운 거리에서만 들린다. 보통 높은음으로 재잘 대는 소리와 활기차게 짹짹거리는 소리가 어우러져 있다. 홍작 무리는 대개 지저귀는 소 리도 잘 낸다. 또한 날카롭게 '티이' 그리고 '프십' 또는 '프쉬입' 하는 울음소리도 낸다.

오세아니아의 새들

세상에서 가장 먼 곳으로 떠나는 여행을 생각하며 오세아니아 지역을 방문하는 사람들은 가장 이국적이고 깜짝 놀랄 만한 새들의 생태에 관심을 갖게 된다. 오세아니아에는 호주와 뉴질랜드, 뉴기니섬과 남태평양의 여러 섬이 포함된다. 이 지역에 사는 새는 1,500여 종으로, 다른 대륙보다는 적다. 하지만 숨이 막힐 정도로 아름다운 오세아니아에는 특출한 외모와 놀라운 행동을 보이는 새들이 있어 그 부족함을 만회할 수 있다.

호주에는 750여 종의 새가 사는데, 미국이나 유럽과 거의 비슷하다. 빼어난 새 몇 종을 살펴보자면, 몸집이 크고 눈에 띄는 코카투(cockatoo)를 비롯한 앵무새류, 타조와 비슷한 에뮤(emu)와 큰화식조(southern cassowary),나뭇가지로 정교하게 구조물을 지어 짝을 유혹하는 아름다운 바우어새(bowerbird), 썩은 나무와 풀로 엄청난 더미를 쌓아 올려 알을 부화시키는 무덤새(megapode)가 있다.

뉴질랜드는 호주 남서쪽에 있는 섬나라로 자연 풍경이 굉장히 아름답다. 그래서 어디에서도 볼 수 없는 새를 관찰하기 위해 전 세계에서 찾아온다. 둥글둥글하게 생긴 키위(kiwi)는 싸우지 않는 새로서 뉴질랜드의 국조이며, 높은 산에 사는 케아앵무(kea)는 상당히 호기심이 많은 앵무새이고, 뉴질랜드굴뚝새(rifleman)는 아주 작은 곤충을 잡아먹는다.

호주의 바로 위에 있는 뉴기니의 가장 큰섬은 새를 관찰하는 사람들에게 이름다운 극락조(birds-of-paradise)가 사는 터전으로 잘 알려져 있다. 열대 기후의 습한 숲에 사는 극락조는 꽁지깃이나 머리깃이 길고 정교하다. 오세아니아 지역에는 이외에도 특색 있는 새가 더 있다. 호반새류(kingfisher)는 호주에 쿠카부라(kookaburra) 2종을 비롯해 10종이 살고, 뉴기니에는 20종이 넘게 있다. 거문고새(lyrebird)는 아주 길고 멋진 꼬리를 뽐내며 구애한다. 몸집이 작고 오색빛깔을 띠는 요정굴뚝새(fairywren)는 대개 긴 꼬리를 위로 꼿꼿하게 세운다. 꿀먹이새(honeyeater)는 꿀을 먹는 종이다.

큰화식조Southern Cassowary

학명: 카수아리우스 카수아리우스(Casuarius casuarius)

큰화식조 수컷이 머리를 거세게 흔드는 행동을 하면서 끙끙거리며 부리로 내는 소리

타조와 비슷한 큰화식조는 뉴기니섬의 빽빽한 열대우림과 호주 동북부의 일부 지역에만 산다. 몸무게가 55kg 정도 되는 이 새는 파란 목에는 깃털이 없고, 늘어진 볏은 빨갛고, 머리에는 독특하게 솟은 뼈가 드러나 있어 생김새가 매우 특이하다. 혼자 다니거나 짝을 이루고, 5~6마리가 무리를 지어 어울리는 모습을 볼 수 있다. 낮에는 보통 땅에 떨어진 열매를 찾으며 시간을 보내고, 씨앗류, 버섯류, 곤충류와 다른 작은 동물을 먹기도 한다. 번식기에는 꽤 공격적으로 변해서 새끼를 보호하기 위해 상대를 위협하고 발로 차기도 한다. 호주에서 멸종우려종인 이 새는 서식지 파괴와 교통사고 때문에 개체수가 줄고 있는데 뉴기니섬에서는 여전히 큰화식조 사냥이 계속되고 있다.

다른 새에 비해 큰화식조의 소리에 대해서는 거의 알려진 게 없다. 이 새는 울음소리가 다양한데, 대부분 번식기에 내는 소리다. 수컷이 내는 소리는 낮은 음으로 크게 '부-부-부' 또는 '붐-붐-붐' 하고 반복된다. 다른 소리로는 끙끙거리고, 갈라진 기침 소리, 신음 소리와 쉬익 하는 소리가 있다. 위협할 때는 낮게 중얼거리고, 감정이 아주 격렬할 때는 크게 고함을 치기도 한다.

북섬갈색키위 North Island Brown Kiwi

학명: 압테릭스 만텔리(Apteryx mantelli)

보기 힘든 북섬갈색키위가 밤에 부는 휘파람 소리

키위는 뉴질랜드에만 사는 토종 새로 이 섬나라에서 가장 인기 있는 동물이다. 땅에 살며 몸집이 상당히 큰데, 낮에는 속이 빈 통나무를 파고 들어가서 잠을 잔다. 뉴질랜드 북섬에서만 볼 수 있으며, 숲과 키 작은 나무가 많은 지역, 농경지에 산다. 조롱박 모양에 깃털이 텁수룩해 보이는 이 새는 밤이 되면 통나무에서 나와 대개 짝을 이루어 먹이를 찾기 시작한다. 크게 킁킁거리는 소리를 내며 걸어 다니는데 냄새를 맡는 후각이 아주 발달해 먹이를 잘 찾는다. 지렁이를 주로 먹지만, 딱정벌레와 거미, 귀뚜라미, 지네를 비롯해 씨앗과 열매, 그리고 나뭇잎으로 배를 채운다. 있는 힘껏 부리를 땅속 깊이 밀어 넣어 먹이를 찾고, 심지어 작은 구멍을 파서 특별히 큰 지렁이를 꺼내기도 한다.

키위는 눈에 잘 띄지 않지만 소리는 훨씬 자주 들을 수 있다. 평소 해가 지자마자 바로 울기 시작하는데, 그 울음소리가 크고 날카롭다. 수컷은 암컷보다 더 자주 소리를 내지만, 암수가 함께 노래하기도 한다. 수컷은 '호아이…'처럼 들리기도 하는 긴 휘파람 소리 20가지를 섞어 노래를 부른다. 암컷은 더 목을 긁는 소리로, 즉 쉰 소리로 운다. 경계할 때는 딱딱거리거나 쉿 하는 소리를 낸다.

까치기러기 Magpie Goose

학명: 안세라나스 세미팔마타(Anseranas semipalmata)

까치기러기 암수가 높은음으로 '홍홍' 하고 우는 소리

몸집이 아주 큰 까치기러기는 긴 다리로 흐느적거리며 움직인다. 검은색과 흰색을 띠며 머리에는 혹이 나 있다. 호주 북부의 열대 지역과 뉴기니섬 남부에 걸쳐 주로 해안 근처에 퍼져 있으며, 축축한 풀밭과 늪을 좋아한다. 보통 작은 무리나 큰 무리를 지어 풀을 뜯어먹거나 얕은 물에서 먹이를 먹는 모습이 눈에 띈다. 씨앗류, 나뭇잎과 뿌리를 먹이로 삼고, 땅속뿌리는 갈고리처럼 휘어진 부리로 파낸다.

까치기러기를 대표하는 울음소리는 꽤 높은음으로 '홍홍' 하고 우는, 울림이 깊은 소리다. 날거나 먹을 때, 다양한 상황에서 이 소리를 내는데, 심지어 밤에도 들을 수 있다. 때때로 홍홍거리는 소리를 너무 빠르게 반복해서 음을 떨며 내는 꾸밈음처럼 들리기도 한다.

흑고니Black Swan

학명: *키그누스 아트라투스(Cygnus atratus)*

짝을 이룬 흑고니 한 쌍이 내는 여러 가지 울음소리

🐦 우리나라에서 볼 수 있다.

호주에서 자생하는 고니는 새를 관찰하는 사람들과 여행객들에게 깜짝 놀랄 만한 장면을 선물한다. 사람들은 고니를 철새로 알고 있는데, 흑고니는 이와 달리 텃새이며 몸 전체가 검은색을 띤다. 흑고니는 몸집이 크고, 날개폭이 거의 2m나 된다. 큰 호수, 강, 석호, 강어귀, 바다와 맞닿은 곳에 산다. 짝을 이루어 다니거나 가족 단위로 어울리는 모습이 눈에 띄며, 수천 마리에 이르는 무리도 볼 수 있다. 이 우아한 흑고니는 물에서 또는 물이 넘친 들판이나 목초지에서 먹이를 먹고, 수중 식물의 새싹이나 나뭇잎, 조류(藻類), 연못의 수풀과 목초지의 풀을 주로 먹는다. 뉴질랜드도 흑고니를 들여와서 흔하게 볼 수 있다.

흑고니는 선율이 있는 나팔 소리를 가장 자주 낸다. 날면서 울고, 물 위에서 쉬면서도 운다. 둥지를 지킬 때 큰 소리로 '쉬잇' 하고 울거나, 높은음으로 휘파람을 불기도 한다.

브롤가(호주두루미) Brolga

학명: 그루스 루비쿤다(Grus rubicunda)

브롤가 한 쌍이 함께 부르며 관계를 돈독히 하고 영역을 알리는 노래

키가 큰 은회색 두루미(crane)가 호주 습지를 위풍당당하게 거닌다면, 이는 아마도 호주 두루미인 브롤가일 것이다. 몸집이 커다란 브롤가는 호주에 널리 퍼져 있고 뉴기니섬 일부 지역에도 산다. 민물, 습지, 늪, 삼림지대의 습지에 서식하고, 목초지와 땅이 축축한 초원에도 퍼져 있다. 물 또는 습지를 따라 머리를 숙인 채 천천히 거닐면서 곤충류, 갑각류와 연체동물을 찾는다. 또한 습지에 자라는 식물의 덩이뿌리를 단단하고 날카로운 부리로 진흙에서 파내 먹는다. 때때로 부리를 사용해 개구리, 뱀, 그리고 작은 포유동물을 잡거나 찌르고 세게 내리쳐서 먹고, 경작지에서는 곡물도 먹는다. 상당히 사교적이며 대개 짝을 지어 다니거나 가족끼리 작은 무리로 머문다. 질 좋은 먹이가 있는 지역이나 공동 서식지에서는 더 큰 무리를 이루기도 한다.

브롤가의 가장 대표적인 소리는 날거나 서 있을 때 내는 크고 날카로운 '와' 하는 함성 소리와 나팔을 불듯이 알리는 소리다. 암수가 짝을 이룰 때는 동시에 부리를 위로 향하는 구애행동을 하면서 같이 '와' 하는 함성 소리를 낸다. 그 밖에 다양한 소리로 비명을 지르거나 꺽꺽거리며 울고, 날카로운 소리로 울기도 한다.

미크로네시아무덤새 Micronesian Megapode

학명: 메가포디우스 라페로우세(Megapodius laperouse)

닭과 비슷한 미크로네시아무덤새가 짧게 '끽' 하고 내는 소리

흙더미 건축가인 무덤새는 닭과 비슷하게 생겼다. 흙과 나무, 풀을 긁어모아 거대한 더미를 만들고, 그 안에 알을 묻어 나무와 풀이 썩으면서 내는 열로 알을 부화시킨다. 미크로네시아무덤새처럼 일부 무덤새는 땅이나 모래에 굴을 파서 알을 낳고, 햇빛 또는 땅속의 열로 알을 따뜻하게 한다. 미크로네시아무덤새는 가장 몸집이 작은 무덤새로 몸길이가 30㎝ 정도 된다. 마리아나 제도에 있는 괌과 사이판을 비롯한 태평양의 섬과 팔라우에서만 볼 수 있다. 주로 숲의 특정한 곳에 서식하지만 코코넛 숲, 해안지역의 키 작은 나무, 해안가 덤불에도 산다. 대개 짝을 지어 먹이를 먹는다고 알려졌으며, 땅에서 씨앗과 작은 열매 그리고 거미와 곤충류, 달팽이 같은 조그마한 동물을 잡는다.

미크로네시아무덤새가 가장 자주 내는 소리는 아마도 수컷이 이른 아침과 늦은 오후에 영역을 주장하며 우는 소리일 것이다. 큰 소리로 '끽' 또는 '스끽' 하고 시작해서 잠시 멈춘 뒤에 종종 '끽' 소리를 좀더 부드럽게 두 번 더 낸다. 암컷은 보통 '꼭' 또는 '꾹'으로 시작해서 더 크게 '끽' 소리를 빠르게 반복하며 연달아 길게 운다.

휘파람비둘기 Whistling Fruit Dove

학명: 프틸리노푸스 라이아르디(*Ptilinopus layardi*)

휘파람비둘기 수컷이 숲속 나무 위쪽에서 내는 휘파람 소리

과일비둘기류(fruit dove)는 태평양의 외딴 작은 섬들에 성공적으로 정착한 녹색의 비둘기류 대부분이 속해 있는 큰 부류이다. 이런 과일비둘기류 중 하나인 휘파람비둘기는 오직 피지의 오노(Ono)섬과 칸다부(Kandavu)섬에서만 볼 수 있다. 숲이 있는 지역을 좋아하지만, 나무 덤불이나 때로는 마을의 정원에서도 볼 수 있다. 다른 과일비둘기처럼 나무에 살면서 과일을 먹는데, 작은 과일은 통째로 삼킨다. 나무의 중간 이하 높이의 나뭇잎층을 비롯해 더 낮게는 빽빽한 덤불 사이에서도 먹이를 찾는다. 수컷의 머리는 초록빛이 도는 노란색이지만 암컷의 머리는 어두운 진녹색이다.

과일비둘기는 광택이 도는 초록빛 깃털로 위장해서 무성한 나무 위쪽에 있으면 보기가 힘들다. 그래서 그 모습보다는 소리를 더 자주 듣게 된다. 휘파람비둘기는 누구나 떠올릴 비둘기의 '구구' 하는 전형적인 울음소리와 아주 다르게 운다. 수컷은 큰 소리로 음을 올리면서 부드럽게 휘파람을 분 뒤, 재빨리 짧고 부드럽게 떨리는 소리를 낸다. 또한 낑낑거리다가 끽끽거리는 휘파람 소리로 이루어진 울음소리도 자주 들을 수 있다.

케아 (케아앵무) Kea

학명: 네스토르 노타빌리스(*Nestor notabilis*)

케아가 서로 연락할 때, 그 이름처럼 '케이-아' 하고 우는 소리

몸집이 크고 다부진 케아는 갈색빛이 도는 진녹색 앵무새로 뉴질랜드 남섬의 일부 지역에만 산다. 케아는 가끔은 강이 흐르는 고도가 낮은 골짜기로 내려오기도 하지만 높은 산 위의 초원과 골짜기, 그리고 고도가 높은 숲에 살아서 산앵무라고도 부른다. 사교성이 좋아서 대체로 5~10마리가 무리로 어울려 다니고, 높은 산의 스키장, 하이킹 지역과 주차장도 자주 드나든다. 장난기가 많아서, 때로는 단단한 발과 부리로 빌딩과 기계 장비, 움직이는 차량에 피해를 입히기도 한다. 주로 작은 과실류, 열매, 새싹과 나뭇잎 같은 식물성 먹이를 먹지만, 쓰레기 더미를 뒤지기도 하고, 죽은 동물도 먹는다고 알려졌다. 지금은 멸종위기종이 아니지만, 1970년대에 보존 노력이 있기 전까지는 케아가 양을 죽인다는 생각에 무수히 사냥을 당해 위기에 처했었다.

케아의 울음소리에 대한 자세한 연구 결과는 없다. '케이-아' 또는 '케아아아' 하고 길게 울려 퍼지는 울음소리가 대표적이며 자주 들린다. 이 울음소리는 대개 떨리는 소리로 끝이 나며, 대체로 날면서 내는 소리다. 더 부드러운 소리도 많이 내지만 그렇게 멀리 퍼져 나가지는 않는다.

뉴질랜드카카New Zealand Kaka

학명: 네스토르 메리디오날리스(*Nestor meridionalis*)

뉴질랜드카카가 번식기에 내는 몇 가지 소리

독특한 검붉은 색과 갈색을 띠는 뉴질랜드카카는 숲속에 사는 앵무새로, 뉴질랜드 북섬과 남섬의 고도가 중간 이하인 지역에서 볼 수 있다. 인간이 개발을 목적으로 숲 서식지를 점점 바꿔 놓고, 쥐와 사람들이 들여온 족제비 같은 포유류가 이 종의 둥지를 훼손했기 때문에 많은 지역에서 점점 희귀해지고 있다. 카카는 이른 아침과 늦은 오후에 가장 활동적이다. 이때 짝을 이루거나 최대 10마리가 무리 지어 나무에서 시끄럽게 먹이를 먹는다. 또한 뉴질랜드카카는 훌륭한 비행사로, 공중제비를 돌거나 나무 위쪽에서 공중으로 뛰어내리기도 한다. 대낮에는 대체로 나무에 조용하게 앉아 있어 평소에는 눈에 띄지 않는다. 키위새와 달리 열매, 작은 과실류, 씨앗, 꽃, 새싹, 꿀과 곤충류도 먹는다.

뉴질랜드카카는 소리가 아주 커서 새를 관찰하는 사람들은 보통 거친 울음소리와 휘파람 소리를 먼저 듣고 이 새를 보게 된다. 날면서 가장 자주 내는 소리는 '크라-아' 하는 새된 울음소리와 '위들 위들' 또는 '우우-위이아아' 하고 재잘대거나 울려 퍼지는 소리다. 또한 '추욱-추욱-추욱' 또는 '촉촉촉' 하는 울음소리도 흔하다.

노랑꼬리검은코카투Yellow-tailed Black Cockatoo

학명: 칼립토르힝쿠스 푸네레우스(Calyptorhynchus funereus)

노랑꼬리검은코카투가 날면서 '횔-라' 하고 높고 길게 내는 울음소리

몸집이 크고 검은색을 띠는 앵무새인 노랑꼬리검은코카투는 호주에는 있는 코카투 9종 중 하나다. 호주의 동남부를 비롯해 태즈메이니아섬에도 있고, 산과 우림 등지의 다양한 곳에 서식한다. 새를 관찰하는 사람들과 도보 여행자들은 종종 이 새를 발견하는데, 주로 숲속 빈터나 국립공원 주차장처럼 탁 트인 지역에서 자라는 커다란 나무 꼭대기에 앉아 있기 때문이다. 노랑꼬리검은코카투는 땅과 나뭇잎에서 씨앗류와 곤충의 애벌레를 먹는다. 코카투류는 단단한 부리로 나무껍질을 벗겨내고 나무속을 파내서 애벌레를 찾는다.

노랑꼬리검은코카투는 시끌시끌해서 눈에 잘 띈다. 날면서 내는 울음소리와 나무에 앉아서 내는 울음소리가 대표적이고, 큰 소리로 '횔-라' 또는 '와일-라' 하며 높고 길게 소리를 지른다. 날면서 '끼이이-오우… 끼이이-오우… 끼이이-오우' 하고 내는 소리도 흔하다. 또한 무리를 지어 함께 날면서 더 부드럽게 꾹꾹거리는 소리도 많이 내고, 밤에 쉬려고 나무에 내려앉기 바로 전에 내는 울음소리도 있다.

풀빛장미앵무Green Rosella

학명: 플라티케르쿠스 칼레도니쿠스(Platycercus caledonicus)

풀빛장미앵무가 태즈메이니아 숲에서 내는 날카로운 울음소리

🐦 우리나라에서 관상용으로 볼 수 있다.

장미앵무는 몸집이 중간 이하인 앵무새 종이다. 등에 얼룩덜룩한 무늬가 있으며 비교적 긴 다리로 땅에 있는 먹이를 잡는다. 풀빛장미앵무는 이마가 빨갛고 볼은 파란색이라 굉장히 눈에 띈다. 호주의 태즈메이니아섬과 더불어 호주 본섬과 태즈메이니아섬 사이에 있는 작은 섬들에만 산다. 대부분 숲과 삼림지대를 비롯해 과수원과 정원에 이르기까지 태즈메이니아의 거의 모든 숲이 우거진 서식지에서 볼 수 있다. 보통 4~5마리가 무리지어 다니는 모습이 눈에 띄지만, 번식기가 끝나면 종종 어린 새가 더 큰 무리를 짓는다. 이 새는 나무와 땅에서 먹이를 찾는데, 나무, 관목 및 풀에 난 씨앗을 먹고 나무의 싹, 작은 과실류, 과일, 곡물 및 일부 곤충의 애벌레도 먹는다.

풀빛장미앵무는 앉아 있는 동안 두세 음절로 된 다양한 울음소리를 자주 낸다. '꾸스-식… 꾸스-식… 꾸스-식' 또는 '꾸쉬-억… 꾸쉬-억' 하고 들리는 소리가 있고, '크윅-크윗… 크윅-크윗' 하는 소리도 있다. 짧게 휘파람 소리를 반복해서 내기도 하고, 경계할 때는 새된 소리로 비명을 지르기도 한다. 풀빛장미앵무 무리가 나무에서 먹을 때는 종종 재잘재잘거리기도 한다.

큰검은올빼미Greater Sooty Owl

학명: 티토 테네브리코사(*Tyto tenebricosa*)

어린 큰검은올빼미가 먹이를 달라고 조르거나 뽐내는 울음소리

몸을 잘 숨기는 큰검은올빼미는 뉴기니섬과 호주 동부 해안 지역에 사는 토종 새다. 대개 키가 큰 나무가 자라는 습한 숲에 살지만, 종종 깊은 골짜기처럼 더 안전한 지역에도 산다. 낮 시간에는 속이 빈 나무나 풀과 나무가 무성한 곳에서 쉬다가 밤이 되면 사냥을 하러 모습을 드러낸다. 나무꼭대기와 나무줄기, 나뭇가지에서 먹이를 찾고, 땅에서도 잡는다. 주로 나무 주변에서 찾은 들쥐, 생쥐, 박쥐 그리고 주머니쥐 같은 작은 포유동물을 먹이로 삼는다. 또한 토끼와 작은 왈라비 같은 땅에 사는 포유동물도 먹는다.

큰검은올빼미의 대표적인 울음소리는 뒤로 갈수록 음이 떨어지는 날카로운 비명 소리다. 2초 정도 우는데, 이 소리는 보통 폭탄이 떨어지기 전에 나는 '휘이이…' 하는 소리처럼 들린다.

파랑새Oriental Dollarbird

학명: 에우리스토무스 오리엔탈리스(*Eurystomus orientalis*)

파랑새가 탁한 소리로 '착' 하고 내는 울음소리

우리나라에서 볼 수 있다.

몸집이 다부지고 머리가 큰 이 파랑새는 빼어난 외모에 부리가 빨갛다. 호주의 북부와 동부에 난 널따란 길을 따라 퍼져 사는데, 동남아시아와 중국, 인도에서도 볼 수 있다. 우림 가장 자리의 삼림지대와 수로를 따라 자라는 나무 사이, 나무가 띄엄띄엄 자라는 드넓은 땅에 깃들여 산다. 영어 이름에 '달러(Dollar)'가 들어가는 이유는 날개를 폈을 때 '미국 지폐 크기'로 옅은 파란색을 띤 부분이 있기 때문이다. 보통 늦은 오후에 먹기 시작하며, 날아다니는 큰 곤충을 잡아먹는다. 또한 땅에서는 작은 도마뱀 같은 먹이도 먹는다.

파랑새는 대체로 조용하지만, 가끔 쉰 소리로 탁하게 '착' 하고 운다. '깍, 깍, 깍-깍-깍-깍-깍' 또는 '꺽-엑-엑-엑-엑-엑-크-크-크' 하고 새된 소리를 연달아 점점 빠르게 내기도 한다. 때때로 두 마리가 서로 가까이 앉아서 '케깍, 케깍, 케깍, 케깍' 하며 함께 노래하는 것처럼 왁자지껄 소리를 내지르기도 한다.

웃는쿠카부라Laughing Kookaburra

학명: 다켈로 노바이귀네아이(*Dacelo novaeguineae*)

웃는쿠카부라가 '후-후-후' 소리를 반복하며 부드럽게 웃는 듯한 울음소리.
대체로 이에 앞서 더 강렬한 울음소리를 낸다.

웃는쿠카부라는 호주에 사는 동물 중에서 캥거루와 코알라 다음으로 유명할 것 같다. 이 새의 제정신이 아닌듯한 웃음소리가 영화와 자연 다큐멘터리에 나온 덕분에 전 세계 사람들에게 친숙하지만, 그 웃음소리를 누가 내는지 아는 사람은 거의 없는 것 같다. 웃는 쿠카부라는 호주 토종이지만 사람들이 뉴질랜드 일부 지역으로도 데려갔다. 덩치가 좋은 웃는쿠카부라는 호반새류 중에서 가장 큰 종으로 몸길이가 46㎝ 정도 된다. 산림, 숲 속 빈터, 공원, 과수원과 강을 따라 자라는 나무에 서식한다. 대체로 짝을 이루거나 작은 무리를 지어 조용하게 앉아서 먹이를 찾는다. 나무에서 재빠르게 땅으로 날아내려 지렁이, 달팽이, 게, 거미류, 곤충류, 도마뱀, 뱀과 작은 포유동물을 잡아먹는다. 가끔은 날아다니는 벌레를 잡거나 얕은 물에서 물고기나 개구리를 낚아채기도 한다.

웃는쿠카부라는 '쿠-후-후-후-후-하-하-하-하-하-후-후-후' 하는 웃음소리가 유명하다. 바로 영역을 주장하는 소리로, 주로 해가 뜨고 질 무렵에 이렇게 운다. 무리에 속한 웃는쿠카부라는 종종 근처의 다른 웃는쿠카부라 무리와 계속해서 영역을 주장하는 소리를 주고받는다. 경고를 할 때는 '쿠아' 하는 소리를 내고 싸울 때는 새된 소리를 지르기도 한다.

큰거문고새 (금조) Superb Lyrebird

학명: 메누라 노바이홀란디아이(Menura novaehollandiae)

큰거문고새 수컷이 자기 소리와 다른 새를 흉내 낸 소리로 만든 노래

큰거문고새는 구애하는 행동으로 유명하고 잘 숨는다. 몸집은 꿩만 하고, 호주 남동부에 만 산다. 온대우림과 삼림지대에 살고, 다른 두 종류의 거문고새보다 몸집이 더 크다. 수 컷은 구애할 때 화려하고 현란한 색을 띠는 긴 꽁지를 암컷에게 뽐낸다. 꽁지를 쫙 펼치고 머리 위로 꽁지깃을 세운 뒤 두 발로 뛰면서 빙빙 돈다. 잘 날지는 못해서 낮에는 숲 바닥에서 시간을 보내고 밤에는 나무에 앉아서 쉰다. 혼자 또는 짝을 이루거나 작은 무리를 지어 찻길이나 시골길을 건너는 모습을 볼 수 있다. 걸어 다니다가 잠시 멈춰 먹이를 찾는데, 발로 땅을 파거나 썩은 나무를 뒤적이며 지렁이, 거미, 곤충을 찾는다.

수컷은 종종 번식기에, 특히 구애 행동을 할 때 아름다운 노래를 부른다. 호반새와 코카투 같은 다른 새의 소리를 일부 따라 하는 것으로 유명한데, 보통 70%가 흉내 내는 소리다. 고유한 소리는 주로 금속성의 짧은 소리로, '팅' 하고 튕기는 듯한 울림소리와 딸깍거리는 소리로 이루어져 있다.

흰목숲새(흰목덤불새) Noisy Scrubbird

학명: 아트리코르니스 클라모수스(Atrichornis clamosus)

흰목숲새 수컷이 '칩, 칩, 칩, 칩-입-입-입!' 하며 크게 부르는 노랫소리

몸집이 작고 땅에서 몰래 숨어 다니는 흰목숲새는 희귀종으로 알려져 있다. 멸종된 줄 알았으나 1961년에 호주 남서부의 작은 연안 지역에서 몇 마리가 다시 발견됐다. 지금은 이 지역이 자연보호구역이어서 개체 수가 늘고 있다. 빠르고 경계심이 많은 이 새는 가장 좋아하는 서식지이 빽빽한 덤불 사이를 뛰어다니거나 살금살금 돌아다닌다. 땅에 떨어진 나뭇잎과 껍질, 가지 등을 부리로 찔러보고 뒤적이며 주로 곤충류를 잡아챈다. 또한 작은 도마뱀과 개구리도 잡는다.

이 새의 영어 이름(noisy, 시끄러운)은 1.6km 떨어진 곳에서도 들을 수 있는 믿기 어려울 만큼 시끄러운 수컷의 소리 때문에 붙여졌다. '칩' 소리를 단호하게 연달아 내며 '칩, 칩, 칩, 칩-입-입-입' 하고 노래를 부른다. 대개 음을 점점 높이면서 빠르게 부르다가 갑자기 노래를 끝낸다.

갈색호주나무발발이Brown Treecreeper

학명: 클리막테리스 피쿰누스(Climacteris picumnus)

갈색호주나무발발이가 은근히 경계하는 신호를 보낼 때 '픽' 하며 우는 소리

몸집은 작지만 다부진 갈색호주나무발발이는 숲과 삼림지대에 사는 호주 동부의 토종 새다. 호주 사람들은 대체로 '딱따구리(woodpecker)'라고 부르는데, 나무줄기에서 먹이를 찾는 행동이 딱따구리와 다소 비슷하기 때문이다. 하지만 실제로 호주에는 딱따구리가 살지 않는다. 보통 혼자 다니거나 아니면 짝을 이루고, 3~8마리가 무리 지어 어울려 다니는 모습을 볼 수 있다. 주로 개미와 딱정벌레 같은 곤충을 찾아 먹는다. 가느다란 부리로 나무줄기와 큰 나뭇가지에 있는 구멍과 틈을 쪼아서 먹이를 찾고, 땅 위에서도 마찬가지다.

갈색호주나무발발이는 흔히 큰 소리로 단호하게 하나의 소리를 내는데, '픽', '윗' 또는 '쓰픽'으로 묘사된다. 이 소리만 내뱉거나 빠르게 반복하며 짧게 끊어서 부르기도 한다. '핑크'라는 소리는 적당히 경계하는 신호로 사용되고, 두려움이 강렬해지면 수다스럽게 '쳐르-쳐르-쳐르' 하고 점점 빠른 속도로 운다.

뉴질랜드굴뚝새Rifleman

학명: 아칸티시타 클로리스(Acanthisitta chloris)

뉴질랜드굴뚝새가 먹이를 찾으며 '씻, 씻, 씻' 하고 반복해서 내는 소리

뉴질랜드에만 사는 뉴질랜드굴뚝새는 몸집은 아주 작지만 매우 활동적이다. 수컷은 등이 초록색이지만 암컷은 갈색에 줄무늬가 있다. 높은 지대의 숲, 키 작은 나무가 자라는 지역과 나무 농장에 살고, 때때로 공원과 정원으로 옮겨간다. 짝을 이루거나 작은 무리로 어울려서 나무줄기와 나뭇가지, 잔가지와 이파리 사이를 빠르게 옮겨 다니는데, 끊임없이 날개를 빠르게 퍼덕인다. 주로 딱정벌레, 귀뚜라미, 파리, 나방과 애벌레 따위의 곤충을 먹으며, 거미류와 작은 달팽이, 작은 과실류 일부와 잘 익은 열매도 먹는다.

주로 높은음으로 부드럽고 단순한 소리를 낸다. '찟' 또는 '씻' 하고 새되고 높은 소리를 가장 많이 내는데, 짝을 이룬 암수가 서로 가까이에서 먹이를 찾으며 이 소리를 반복한다. 이 짧은 울음소리를 빠르게 반복하며 '찟–찟–찟–찟' 하고 길게 늘이는데, 울음소리가 너무 약해서 고장 난 시계소리와 비교되기도 한다. 또한 음이 너무 높아서 나이 든 사람 중에는 못 듣는 사람도 있다. 날면서 떨리는 소리를 내고, 경계할 때는 잔소리를 하는 듯 '스트르–르–르' 하고 재잘대기도 한다.

푸른요정굴뚝새 Superb Fairywren

학명: 말루루스 키아네우스(*Malurus cyaneus*)

푸른요정굴뚝새 암수가 부르는 노랫소리

요정굴뚝새류는 호주 지역에서 가장 매력적이고 아름다운 새로 꼽힌다. 날개에 부분적으로 파란 광택이 있는 이 작은 새는 다양한 서식지에 살며, 종종 탁 트인 지역과 공원에서 쉽게 볼 수 있다. 푸른요정굴뚝새는 호주의 남동부 대부분 지역에 퍼져 서식하는데, 풀이 자라는 지역, 산과 숲에 키 작은 나무가 있는 곳을 비롯해 습지, 강가의 덤불숲, 과수원과 정원에도 깃들여 산다. 보통 작은 가족 단위로 모여 공동 서식지를 지킨다. 무리는 덤불숲 사이를 빠르게 이동하고 풀밭 위를 총총 뛰어다니며 먹이로 삼을 작은 곤충, 씨앗, 꽃과 열매를 찾는다. 암컷은 수컷처럼 반짝이는 파란 깃털이 없고, 위로는 암갈색, 아래로는 하얀빛을 띤다.

푸른요정굴뚝새 암수가 모두 노래를 부르지만, 수컷이 암컷보다 더 자주 부른다. 키 작은 나무 꼭대기나 울타리 기둥으로 날아오른 뒤, 높은음으로 짧게 '삡 삡 삡' 하는 소리를 점점 빠르게 연달아 낸다. 이 소리는 점점 크게, 물결이 일듯이 떨리는 소리로 이어진다. 이 새를 관찰한 사람들 중 몇몇은 이 노랫소리를 자명종시계 소리와 비교했다. 무리와 계속 연락을 하려고 '프립-프립', '스크립-스크립' 또는 '트르릇, 트르릇' 하며 울고, 경계할 때는 '칫' 하고 날카롭게 소리를 낸다.

줄무늬보석새 Striated Pardalote

학명: 파르달로투스 스트리아투스 (*Pardalotus striatus*)

줄무늬보석새가 가장 흔하게 내는 두세 음절의 빠른 소리

아름답고 아담한 줄무늬보석새는 보석새류 4종 중 하나로 호주에서만 발견된다. 보석새는 때때로 다이아몬드새로 불리며, 몸집이 작고 통통하며 부리가 짧다. 유칼립투스 나무 높은 쪽에 있는 나뭇잎 사이를 쏜살같이 날아다닌다. 노란색과 빨간색이 강조된 밝은 무늬의 깃털로 많은 새 애호가들의 사랑을 받고 있다. 우림과 산지에 서식하고 길가와 공원, 정원처럼 인간이 정착한 지역에도 산다. 공중에서 상당히 빠르고 날쌔서 이 나무에서 저 나무로 빠르게 옮겨 간다. 혼자서나 짝을 지어, 또는 작은 가족 단위로 어울려 다니는 이 새는 나무 위쪽에서 때로는 느릿느릿, 때로는 분주히 다니며 나뭇잎 표면에 있는 작은 곤충류를 잡아챈다. 보석새는 종종 잔가지에 거꾸로 매달려서 나뭇잎에 있거나 도망가는 곤충을 잡는다.

보석새는 눈에 잘 띄는 높은 곳에서 자기 영역을 주장하며 노래를 부르는데, 보통 노랫소리가 크고 멀리 퍼져나간다. 대개 '칩' 소리를 여러 번 반복해서 낸다. 줄무늬보석새는 흔히 '칩-칩', '픽-킷-업', '윗토르, 윗토르' 하고 노래하며, '위디디덥' 또는 '프리티-드-딕' 하고 우는 소리도 있다. 부드럽게 '께이우' 그리고 '피-유, 피-유' 하고 짧게 울기도 한다.

동부호주개개비 Eastern Bristlebird

학명: 다시오르니스 브라킵테루스(Dasyornis brachypterus)

동부호주개개비가 '칩-케리어-케' 하고 부르는 노랫소리

다른 대륙처럼 호주에도 빽빽하게 자라는 키 작은 나무와 풀 사이사이, 땅 위를 조심스럽게 돌아다니는 몸집이 작거나 중간 정도 크기에 칙칙한 갈색을 띠는 새들이 있다. 대개 눈에 띄기보다 소리가 더 자주 들리며, 개체 수는 많지만 너무 평범해서 새를 관찰하는 사람들이 수차례 노력해도 마주치거나 알아보기가 어려운 새들이 있는데, 동부호주개개비가 그중 하나다. 이 새는 호주 동남부 연안 지역과 산림, 덤불과 키 작은 나무가 빽빽한 숲에 산다. 거의 모든 생활을 땅에서 하는데, 땅 위를 빠르고 조용하게 움직이고, 총총 뛰어다니면서 곤충류와 씨앗류 같은 먹이를 찾는다. 가끔은 나뭇잎이나 공중에서 벌레를 잡으려고 날아오른다. 짝을 이룬 암수는 대개 자신의 영역에서 함께 먹이를 찾는다.

동부호주개개비는 큰 소리로 선율이 있는 노래를 부른다. 이 노래는 비교적 높은음의 몇 가지 휘파람 소리로 이루어진다. '잇-우아 윗 에입' 또는 '칩-케리어-케' 또는 '스윗 비쥬'로 묘사된다. 이 짧은 노래를 똑같이, 대체로 5초마다 반복하거나 한 번에 5분 이상 반복하기도 한다. '짓' 또는 '지잇' 하는 짧고 큰 소리가 가장 흔한 울음소리이며, 단호하게 '프리슷' 하고 내뱉기도 한다.

붉은볼망태꿀빨이새Red Wattlebird

학명: 안토카이라 카룽쿨라타(*Anthochaera carunculata*)

붉은볼망태꿀빨이새가 요란하게 '야까약' 하며 깍깍거리는 노랫소리

붉은볼망태꿀빨이새는 빨간 눈 밑에 피부가 두툼하게 늘어진 빨간 볏이 있다. 호주에 사는 많은 꿀빨이새(honeyeater) 중 하나로 이 새들은 특히 식물의 꿀을 잘 먹는다. 붉은볼망태꿀빨이새는 대부분 유칼립투스 나무가 자라는 산과 숲을 비롯해 과수원, 공원과 정원처럼 나무가 자라는 탁 트인 지역에도 산다. 시끄럽고 공격적인 이 새는 보통 짝을 짓거나 작은 무리로 다니면서 높고 낮은 나무 사이나 가끔은 땅에서 먹이를 찾는 모습이 눈에 띈다. 주로 유칼립투스 꽃에서 꿀을 빨아먹고 날아다니는 곤충도 먹는다. 호주의 남쪽 지방에 퍼져 있다.

흔히 기침하는 것처럼 요란하게 깍깍거리는 소리로 '야까약' 또는 '야악, 야꺅' 하고 운다. 그윽하게 '뻘레우-뻘레우-뻘레우' 또는 '튜-튜-튜-튜' 하는 휘파람 소리도 자주 낸다.

수다쟁이호주구관조Noisy Miner

학명: 마노리나 멜라노케팔라(*Manorina melanocephala*)

망치소리처럼 '핑' 하고 들리는 수다쟁이호주구관조의 흔한 울음소리

차를 타고 호주 동부에서 어딘가로 가다가 경치를 보려고 고속도로에서 벗어났을 때, 근처에 있는 나무에서 싸움을 거는 듯이 활발한 새를 보게 된다면 아마 수다쟁이호주구관조일 것이다. 이 회색빛 새는 나무가 많은 탁 트인 지역을 비롯해 공원과 정원에도 산다. 매우 사교적이며 일 년 내내 5~8마리 정도가 무리를 지어 생활한다. 수다쟁이호주구관조 무리는 먹이를 먹는 지역에서만 어슬렁어슬렁 돌아다니며 나뭇잎에서 먹이를 찾고, 땅에서는 꿀과 곤충류, 열매 따위의 먹이를 찾는다.

예상했겠지만 목소리가 꽤 크다. 한때는 수다쟁이꿀빨이새(garrulous honeyeater)라고 불렸다. 큰 소리로 날카롭게 우는 소리가 다양하다. 아마도 가장 자주 들리는 소리는 '퓨이-퓨이-퓨이' 또는 '뚜이-뚜이-뚜이' 하는 울음소리다. '우' 또는 '위' 하고 반복해서 연달아 울기도 한다.

투이Tui

학명: 프로스테마데라 노바이세엘란디아이(Prosthemadera novaeseelandiae)

뉴질랜드에서 아침에 흔히 들리는 투이가 영역을 주장하는 노랫소리

뉴질랜드에는 토종 명금류가 상대적으로 희귀해서, 방문객이 이들을 보기는 쉽지 않다. 그러나 투이는 꽤 쉽게 찾을 수 있다. 거뭇한 색을 띠고 목에 흰 깃털이 다발로 특이하게 나 있으며, 제대로 빛을 받으면 깃털이 무지갯빛으로 반짝거린다. 주로 숲과 키 작은 나무가 자라는 지역에 서식하지만, 작은 마을과 시골 정원 그리고 교외로도 자주 드나든다. 뉴질랜드의 대표적인 꿀빨이새로 꿀이 있는 지역에서는 같은 투이뿐 아니라 꿀을 먹는 다른 종류의 새도 공격적으로 쫓아낸다. 꿀을 좋아하지만 꿀이 귀할 때는 열매와 큰 곤충류도 먹는다.

투이는 뉴질랜드에서 새벽에 가장 처음 우는 새로 꼽힌다. 풍부한 성량으로 맑고 쾌활한 소리로 연이어 노래하며, 종종 다양한 소리를 섞어서 부르기도 한다. 찰칵, 끙, 콸콸, 꺽꺽, 기침소리, 종소리 같은 알림음이나 '둥' 하는 큰 종소리를 낸다. 경계할 때는 높은음으로 날카롭게 '케-에-에-에' 하는 소리를 낸다.

뉴질랜드종소리새_{New Zealand Bellbird}

학명: 안토르니스 멜라누라(Anthornis melanura)

뉴질랜드종소리새가 부르는 노래들 중 일부분

뉴질랜드종소리새의 이름은 울음소리가 종소리와 비슷해서 붙여졌다. 몸집이 작고 날쌔며 초록빛을 띤다. 부리는 짧고 낫 모양으로 휘어져서 꽃에서 꿀을 빨기가 좋다. 뉴질랜드 곳곳에 사는데, 숲과 키 작은 나무가 자라는 지역, 과수원과 공원에 있는 나무 위에서 주로 서식한다. 나무의 어느 높이에서든 먹이를 먹고, 가끔 땅으로 내려오기도 한다. 주로 꽃에서 꿀을 먹지만 나무껍질이나 공중에서 곤충류와 거미류도 잡아먹는다. 꽃이 부족할 때는 열매도 먹는다. 특히 수컷은 질 좋은 꿀이 나는 곳을 지킬 때 몹시 공격적이다. 다른 뉴질랜드종소리새가 같은 나무에 있다면, 자기만의 작은 먹이 영역 밖으로 경쟁자를 내쫓는다.

대체로 휘파람을 부는 듯한 소리를 크고 뚜렷하게 연달아 내며 다양하게 노래를 부른다. 어떤 소리는 플루트 소리와 비슷하고, 또 다른 소리는 피콜로와 비슷하다. 알아차리기 좋은 소리로는 종이 울리는 소리가 있다. 어떤 연구에서는 전 세계의 명금류를 분류했는데 뉴질랜드종소리새가 상위 20위 안에 들었다. 즉 '최고의 가수'로 뽑혔다. 이 새는 '쿵' 하는 소리, 탁탁거리는 소리, 삐걱거리는 소리와 '지즈즈' 하는 소리도 낸다.

붉은배남태평양울새 Scarlet Robin

학명: 페트로이카 보오당(Petroica boodang)

붉은배남태평양울새 수컷이 부르는 대표적인 노랫소리

오세아니아에는 울새라고 부르는 몸집이 작으며 다소 통통한 종류의 새가 아주 많다. 머리가 크고 둥글며 꼬리는 거의 사각형인데, 대부분 날개에 하얀 줄무늬가 있다. 어떤 새들은 노란색이고, 또 어떤 새들은 주로 갈색이나 회색이다. 붉은배남태평양울새를 비롯해 몇몇 새들은 가슴이 빨갛다. 식민지 시절에 이곳으로 이주한 유럽인들은 가슴이 빨간 이 새를 보고 고향에 있는 울새를 떠올려 오세아니아울새라고 불렀다. 붉은배남태평양울새는 호주 남서부와 남동부 그리고 태즈메이니아, 이 세 지역의 숲과 삼림지대에 살며 주로 땅바닥 근처에서 곤충류를 찾아 먹는다. 이들은 가만히 '앉아 있다가 확 덮쳐서' 먹이를 잡는 습성이 있는데, 낮은 나뭇가지나 그루터기에 조용히 앉아서 먹이가 나타나길 기다리다가, 먹이가 나타나면 재빠르게 덮치거나 갑자기 날아가서 잡는다.

붉은배남태평양울새는 기분 좋게 지저귀며, 주로 아침 시간에 '위-치달리-다흘리' 또는 '디들-리, 디들-리' 하고 노래를 부른다. 또한 자주 짧게도 우는데 마치 '첩', '삡' 또는 '프텍'처럼 들리고, '척-척-척' 하고 호통치듯 길게 울기도 한다.

호주갈퀴새Australian Logrunner

학명: 오르토닉스 템밍키이(Orthonyx temminckii)

호주갈퀴새가 흔히 '퀵!' 하고 반복해서 우는 소리

호주갈퀴새는 몸이 땅딸막한 매력적인 새다. 호주 동남쪽 해안에 있는 우림에서 다소 무성한 덩굴이 있는 숲 바닥에 서식한다. '가시털'처럼 보이는 깃축의 짧은 돌기가 꼬리 끝에 튀어나와 있는 게 이 새의 독특한 특징이다. 호주갈퀴새는 5~6마리가 무리를 지어 끝까지 자기가 사는 영토를 지킨다. 이 새는 커다란 발을 사용해 땅에 있는 곤충류, 달팽이와 숲 바닥에 사는 아주 작은 무척추동물을 긁어모으는 동안 꼬리의 튀어나온 깃축을 지지대 삼아 기대어 중심을 잡고 튼튼한 다리로 버틴다. 거의 날지 않지만, 날 때는 아주 짧은 거리만 날고, 주로 빠르게 달리거나 총총 뛰어 위험에서 벗어난다.

호주갈퀴새가 부르는 노래는 깊이 울리는 소리로 멀리 퍼져나간다. 보통 '퀵' 또는 '크윅' 하는 소리로 이루어져 있다. 대표적인 노래는 영역을 알리며 지키려고 부르는 노래로 '비-크윅-크윅-크윅-크윅' 또는 '비-퀵, 비-퀵-퀵-퀵-퀵' 하고 반복한다. '투-위뜨'라고 부르는 긴 울음소리가 있는데, 마치 '투-위뜨-위뜨-위뜨'처럼 들린다. 그밖에 호주갈퀴새 무리는 먹이를 찾을 때, 서로 연락을 하기 위해 자주 수다스러운 울음소리를 내기도 한다.

잿빛남태평양꼬리치레Grey-crowned Babbler

학명: 포마토스토무스 템포랄리스(*Pomatostomus temporalis*)

잿빛남태평양꼬리치레 가족의 요란한 울음소리

빼어난 외모의 잿빛남태평양꼬리치레는 몸집이 중간 크기인 명금류다. 호주 곳곳에 있는 탁 트인 숲과 산에서 서식한다. 활발하고 무리를 짓는 습성이 강해서, 10마리 이상이 무리를 지어 함께 먹거나 잠을 자기도 한다. 각각의 꼬리치레 무리는 공동 서식지에 살면서 공격적으로 그곳을 지킨다. 먹이를 찾는 꼬리치레는 땅바닥을 따라 키 작은 나무 사이를 재빠르게 뛰어다닌다. 부리를 사용해서 떨어진 나뭇잎과 나무껍질 조각을 뒤적이며 숨은 벌레를 찾고, 나무줄기와 키 작은 나무로 낮게 날아올라 사냥도 한다. 꼬리치레는 거미류, 작은 개구리와 파충류, 가끔은 씨앗과 열매도 먹는다.

때로는 '짖는새(barking bird)', '수다쟁이(chatterer)'라고도 부르는 잿빛남태평양꼬리치레는 영어 이름(babbler, 수다쟁이)이 암시하듯 목소리가 아주 크다. 가장 잘 알려진 울음소리는 암수 한 쌍이 짧게 부르는 노래로, 마치 한 마리가 '야-후' 하고 내는 것 같다. 하지만 실제로는 수컷이 높은음으로 '아우' 소리를 내면, 바로 짝꿍이 '야' 하고 운다. 둘이 부르는 '야-후' 노래는 보통 잇달아 여러 번 반복된다. 꾹꾹거리거나 짖는 듯한 울음소리는 혼자서도 내고 무리가 같이 내기도 한다. '위-우' 또는 '피우, 피우' 하고 우는 소리도 흔하다.

흰뺨채찍새 Eastern Whipbird

학명: 프소포데스 올리바케우스(*Psophodes olivaceus*)

흰뺨채찍새 수컷이 내는 채찍 같은 소리

빼어난 외모에 긴 머리깃이 달린 흰뺨채찍새는 호주 동부 해안의 우림과 습한 삼림지대에 사는 토종 새다. 이 지역에서 일년 내내 귀청이 터질 듯이 내는 채찍 소리로 유명하다. 채찍새류는 보통 짝을 맺은 암수가 함께 다니거나 작은 가족 단위로 어울려 생활한다. 거의 땅에서 생활하며, 숲속 덤불 사이를 재빠르게 깡충깡충 뛰어다닌다. 주로 땅에서 곤충류를 먹이로 찾고, 씨앗을 비롯해 가끔 작은 도마뱀도 먹는다.

흰뺨채찍새는 눈에 띄기보다 소리가 훨씬 더 자주 들린다. 먹이를 찾을 때, 쌍으로 서로 주고받으며 짧은 노래를 함께 부른다. 크게 들리는 채찍 소리도 함께 부르는 노래의 일부다. 수컷이 소리를 내기 시작해서 격정적인 채찍 소리에 이르면 암컷이 즉시 날카롭게 '추-추' 또는 '윗치-아-위' 또는 '아위-아위' 하고 빠르게 연달아 소리를 내며 응답한다. 이뿐만 아니라 듣기 좋게 꾹꾹거리다가 꺽꺽거리는 소리와 꼬꼬거리는 소리를 내기도 한다.

금빛호주휘파람새 Australian Golden Whistler

학명: 파키케팔라 펙토랄리스(Pachycephala pectoralis)

금빛호주휘파람새가 두 가지로 바꿔서 부르는 노랫소리

명금류인 호주휘파람새는 몸집이 작고 다부지며 나무에 산다. '머리가 두툼하고 둥근(thick, rounded heads)' 특징 때문에 간혹 '멍청이(thickhead)'로 불린다. 금빛호주휘파람새는 밝은 노란색을 띠며, 확실히 이 종류의 새 중에서 가장 예쁜 새로 꼽힌다. 호주 남부와 동부, 뉴기니섬 곳곳의 우림과 유칼립투스 숲과 삼림지대, 덤불 지역에 깃들여 산다. 대개 혼자 다니는 모습이 눈에 띄지만, 번식할 때는 쌍으로 다닌다. 주로 나무 위쪽에 머무르고, 곤충을 찾아 높은 가지를 깡충깡충 빠르게 뛰어다닌다.

금빛호주휘파람새는 이 지역에서 손에 꼽히는 뛰어난 가수다. 아름답고 깨끗한 소리를 반복하다가 대체로 날카롭게 '추-추-추-추-칩', '웻-웻-웻-휘-틀', '삡-삡-삡-삡-뿌-윗' 하는 소리로 끝낸다. 흔한 소리로는 '시입' 하고 끝을 올리며 운다.

잿빛호주까치 Grey Currawong

학명: *스트레페라 베르시콜로르(Strepera versicolor)*

잿빛호주까치가 내는 특유의 날카로운 금속성 울음소리

몸집이 크고 회색인 잿빛호주까치는 눈이 노랗고 부리가 아주 탄탄한 까마귀와 비슷한 새다. 대체로 호주 남부의 넓은 지역과 대륙의 중앙부에서 눈에 잘 띈다. 숲과 삼림지대부터 덤불과 키 작은 나무가 자라는 지역, 과수원과 공원에 이르기까지 다양한 서식지에 깃들여 산다. 보통 시끄럽게 나무에서 먹이를 찾으며, 혼자 또는 짝을 짓거나 가족 단위로 옮겨 다니는 모습이 눈에 띈다. 겨울에는 때때로 더 큰 무리를 이루어 이동한다. 주로 나무껍질, 나뭇잎과 땅 위에 있는 커다란 곤충을 먹이로 삼는다. 작은 새, 도마뱀과 같은 척추동물도 잡아먹으며, 열매를 먹거나 쓰레기를 뒤지기도 한다.

때때로 '피리까마귀(bell-magpie, 종까치)'로도 불리는 잿빛호주까치는 '땡그랑' 하고 울리는 소리로 알아차릴 수 있다. 영어 이름(Currawong)은 잿빛호주까치와 가까운 사촌 새가 내는 소리와 비슷하다. 잿빛호주까치의 대표적인 땡그랑 소리는 지역에 따라 '클링-클랭', '치딩-치딩', '쿄콧…, 쿄콧…' 그리고 '케레 케레 케레' 하고 다르게 들린다. 또한 크고 맑은 종소리 같은 울음소리는 고양이가 우는 소리와 비슷하고, 다른 울음소리는 장난감 나팔 소리와 비교할 수 있다.

남섬안장무늬새Saddleback

학명: 필레스투르누스 카룽쿨라투스(Philesturnus carunculatus)

남섬안장무늬새가 자기 영역을 알리기 위해 부르는 노랫소리

남섬안장무늬새는 뉴질랜드의 멸종위기종이다. 지금은 인간이 들여온 쥐와 고양이 같은 포식자로부터 안전한, 해안에서 떨어진 작은 섬에만 남아 있다. 깃털은 검은색으로 광택이 있고, 등의 안장무늬는 붉은빛이 도는 밝은 갈색을 띤다. 이토록 빼어난 안장무늬새는 부리 아래 늘어진 피부, 즉 작지만 도톰하게 붉은빛을 띠는 볏 덕분에 더욱 눈에 띈다. 숲과 덤불에 살고, 나무를 옮겨 다니며 대부분의 시간을 보낸다. 먹이를 찾을 때는 땅으로 내려가기도 한다. 곤충류와 다른 작은 무척추동물, 작은 과실류와 과즙을 먹는다. 날개가 짧아서 비행 실력이 그리 좋지 않은 이 새는 나는 대신 튼튼한 다리로 땅에서 뛰거나 나뭇가지로 뛰어 오르는 것을 좋아한다. 날아야 할 때는 정말 짧은 거리만 난다.

안장무늬새는 짝과 함께 같은 영역에 살고, 자신의 영역을 알리기 위해 큰 소리로 자주 노래한다. 맑고 듣기 좋은 '치이-퍼-퍼' 하는 소리, 수다스럽고 날카로운 '치잇', '뜨-뜨-뜨-뜨-뜨' 하는 소리 등 다양한 노래를 부른다. '즈윗 즈윗' 하고 울기도 하고, '겟-업' 하고 경계하는 울음소리도 낸다.

라기아나극락조Raggiana Birds-of-paradise

학명: 파라디사이아 라기아나(Paradisaea raggiana)

라기아나극락조 수컷이 암컷을 유혹할 때 내는 소리

극락조가 세상에서 가장 이국적이며 겉모습이 눈에 띄는 새라는 사실은 의심할 여지가 없다. 극락조 수컷은 붉은빛을 띠는 환상적인 긴 깃털과 노란색과 초록색의 밝은 얼굴을 지니고 있는데, 라기아나극락조가 전형적인 모습을 하고 있다. 암컷은 수컷보다 평범하고 깃털이 풍성하지도 길지도 않다. 극락조는 주로 뉴기니섬에서 고도가 낮거나 중간 정도 되는 지역의 숲에 산다. 나무가 많은 다른 서식지에서도 볼 수 있으며, 숲 가장자리와 심지어 집 정원에도 모습을 드러낸다. 열매를 먹는 다른 극락조처럼 라기아나극락조는 무화과와 다른 여러 종류의 과일을 먹는다. 또한 나무껍질 표면과 나무 위쪽의 나뭇잎에서 곤충류를 잡기도 한다.

극락조는 특이한 깃털뿐 아니라 구애하는 행동으로도 유명하다. 수컷은 암컷을 유혹할 때, 공동구혼장인 레크에서 높은음으로 크게 연달아 긴 노래를 부른다. 암컷이 도착하면, 수컷은 날개를 치고 머리를 아래위로 흔들면서 눈에 띄게 뽐내기 시작하며, 구애를 하는 동안 소리 내어 울면서 암컷에게 강한 인상을 남긴다. 더 길게 내는 소리는 두 종류다. 강렬하게 외치는 소리가 점점 커지며 '와우 와우 와우 와우 와우 **와우 와아우우 와아우우 와아아우우우**' 하고 연달아 내는 소리와 높은음으로 빠르게 '윅 윅 윅 윅 윅 왁 와악 와악' 하고 우는 소리가 있다.

톱니부리바우어새Tooth-billed Bowerbird

학명: 스케노포이에테스 덴티로스트리스(*Scenopoeetes dentirostris*)

톱니부리바우어새가 부르는 다양한 노래 중 일부분

바우어새는 모든 새 중에서도 가장 흥미롭다. 수컷이 암컷에게 구애할 때 뽐낼 구조물을 만드는데, 대체로 잔가지나 다른 식물성 재료로 커다랗게 '나무그늘(bower)'을 만든다. 수컷은 나무그늘을 지어 암컷에게 뽐내면서 짝을 맺어도 괜찮겠다는 확신을 준다. 톱니부리바우어새의 나무그늘은 간단하다. 숲 바닥에 가운데가 뻥 뚫린 원형 공간을 만들고, 커다란 초록 이파리로 장식한다. 이 새의 부리는 톱니 모양이라서 나뭇잎을 자르고, 찢고, 씹기가 좋다. 호주 동북부의 작고 외딴 산속 우림에서만 볼 수 있는 톱니부리바우어새는 혼자서 또는 짝을 이루거나 때로는 작은 무리를 지어서 나무와 땅에서 먹이를 찾는다. 주로 열매와 나뭇잎을 먹는데, 곤충류와 거미류 같은 작은 동물도 먹고, 가끔 지렁이도 먹는다.

톱니부리바우어새는 번식기에 가장 많은 소리를 낸다. 앵무새 같은 다른 새를 흉내 낸 소리가 조금 섞인, 수컷이 부르는 이상한 노래는 나무그늘을 만든 장소에서 암컷을 유혹하는 데 도움이 된다. 노래는 부드럽게 꾹꾹거리는 소리로 시작해서 수다스럽게 지저귀고 재잘거리며 휘파람을 부는 풍부한 소리가 메들리로 이어진다. 짧은 소리로는 쾌활하게 '첩' 하고 크게 울고, 낮게 쉰 소리로 울기도 한다.

이위 Iiwi

학명: 베스티아리아 코키네아(*Vestiaria coccinea*)

이위 수컷이 하와이섬의 산에서 노래하는 소리

하와이꿀먹이새류(Hawaiian honeycreeper)는 특별한 부리를 지닌 작은 되새류(finch)와 유사하며, 현재 하와이 제도에만 18종이 서식한다. 이 중에서 밝은 주황색을 띠고 날개가 검으며, 낫 모양의 긴 부리를 지닌 눈부시게 새빨간 이위는 가장 눈에 띄는 독특한 새 중 하나다. 하와이 본섬 곳곳에 있는 고도가 중간 이상인 숲에 산다. 주로 나무나 덤불에 핀 꽃에서 꿀을 먹고, 곤충류도 일부 먹는다. 대개 나무 사이를 날아다니는데, 종종 잎이 무성한 나뭇가지에 거꾸로 매달려서 먹이를 찾는 모습을 볼 수 있다. 일부 섬에서는 적당한 개체 수를 유지하고 있지만 그 외 다른 지역에서는 그렇지 않으며, 이위는 현지의 조류 질병에 매우 취약하다. 이런 이유로 하와이 주정부는 이위를 멸종위기종으로 여긴다.

이위의 노랫소리는 매우 다양해서 꼬륵꼬륵, 삐걱삐걱, 휘파람 소리, 듣기 힘든 고음 등 여러 소리를 천천히 연달아서 낸다. 이 작고 우아한 새는 휘파람과 같은 소리를 자주 내는데, 가끔 사람이 부는 휘파람 소리와 헷갈린다. '이익' 또는 '쿠이익' 하며 소리치고, 녹슨 문이 닫힐 때 나는 듯한 삐걱거리는 소리도 크게 낸다. 때로는 '이-비' 또는 '이-위' 하고 울기도 한다.

팔릴라Palila

학명: 록시오이데스 바일레비(*Loxioides bailleui*)

'팔릴라'라는 하와이식 이름처럼 '팔-릴-라' 하고 부르는 노랫소리

팔릴라는 하와이의 멸종위기종으로 하와이 제도에서 제일 큰 하와이섬(빅아일랜드)에서만 볼 수 있다. 되새류처럼 짧고 단단한 검은 부리를 지닌 팔릴라는 예쁜 노란색, 흰색, 회색을 띤다. 사실 팔릴라는 하와이되새 또는 하와이꿀먹이새로 알려진 부류에 속한다. 하와이의 마우나케아화산 상부 경사면에 있는 높은 고도의 숲에서만 산다. 주로 씨앗을 먹는 팔릴라는 부리를 이용해 완두콩과의 꽃나무인 마마네(mamane)라는 하와이 토종 식물의 씨앗 꼬투리를 뽑아낸다. 그리고 그 꼬투리를 가지고 날아올라 나무의 높은 위치에 앉아 발로 꼬투리를 잡고 부리로 찢어서 씨앗을 먹는다. 또한 열매, 꽃, 나뭇잎을 비롯해 때때로 곤충류도 일부 먹는다. 대개 3~5마리가 작은 무리로 모인다.

팔릴라가 가장 자주 우는 소리는 이름이 붙게 된 이유인 '팔-릴-라' 하고 지저귀는 소리일지도 모른다. 다른 소리로는 재잘대며 발음이 분명하지 않은 휘파람 소리도 있다. 복잡한 소리를 길게 엮어서 노래를 부르며 지저귀는 소리, 떨리는 소리, 휘파람 소리도 있다.

지은이 소개

레스 벨레츠키(Les Beletsky)는 전문적인 조류생물학자이자 자연사 작가이고 편집자이기도 하다. 자연에 대해 글을 쓰기 전에는 20여 년 동안 새의 행동과 소리, 번식기 행동을 집중해서 연구했다. 35편 이상의 논문을 쓰고 공저자로 참여했으며, 새를 주제로 한 4권의 책도 집필했다. 그중에 하나는 야생동물보존협회(The Wildlife Society)에서 올해의 가장 훌륭한 야생 생태 책으로 선정했다. 새를 관찰하려고 전 세계의 야생을 열정적으로 찾아다니며, 아메리카, 아프리카, 아시아 그리고 오세아니아 지역을 여러 번 여행했다. 야생에 흥미가 있는 여행자가 이해하기 쉬운 안내서로《Travellers' Wildlife Guides》라는 책을 직접 쓰고 편집했으며, 이 외에도 야생 여행 가이드 12권을 직접 쓰거나 공저자로 참여했다. 이 책들에는 특정 지역이나 국가를 방문한 여행자가 마주칠 수 있는 야생동물, 특히 새의 모습이 자세히 묘사되어 있다.

코넬대학교 부속 조류연구소(The Cornell Lab of Ornithology)는 지구의 생물다양성을 연구하고 보존하려는 목적으로 설립된 비영리 기관이다. 새를 연구하고 교육하며, 아마추어 과학자들도 새를 연구할 수 있게 지원한다. 연구소 안에 있는 매콜리 도서관(Macaulay Library)은 자연의 소리를 녹음한 음원을 보유한 기관으로 연구, 교육, 보존, 서식지 평가, 미디어 운영을 비롯해 상품도 판매한다. 전 세계 종의 67%에 해당하는 새소리를 포함한 야생의 소리를 16만 개 이상 보유하고 있다. 이는 매콜리 도서관이 개관한 이래 80년 동안 수집한 소리다. 곤충, 물고기, 개구리와 포유동물을 녹음한 소리도 점점 늘어나고 있다. 더 많은 새소리를 듣고, 새의 모습을 영상으로 보고 싶다면 매콜리 도서관 웹사이트(www.macaulaylibrary.org)를 방문해보자.

코넬대학교 부속 조류연구소와 온라인 조류 가이드, 시민 과학 프로젝트와 새에 대한 정확한 정보를 더 많이 알고 싶다면, 연구소 웹사이트(www.birds.cornell.edu)를 방문하면 된다.

그린이 소개

데이비드 너니(David Nurney)는 풍부한 경력의 새 전문 일러스트레이터다. 세계 곳곳을 여행하며 새를 관찰했다. 그가 제작에 참여한 책으로는 《Birds of the World》(2006), 《Bird Songs: 250 North American Birds in Song》(2006), 《Nightjars: A Guide to the Nightjars, Nighthawks, and Their Relatives》(1998), 《Pocket Guide to the Birds of Britain and North-West Europe》(1998), 《Woodpeckers: An Identication Guide to the Woodpeckers of the World》(1995)가 있다. 또한 방대한 분량의 조류백과인 《Handbook of the Birds of the World》에도 삽화를 그렸다.

마이크 랭먼(Mike Langman)은 학교를 졸업한 후 왕립조류보호협회(RSPB, Royal Society for the Protection of Birds)의 본부가 있는 영국에서 9년 동안 일했다. 그의 작품은 왕립조류보호협회가 관리하는 거의 모든 자연보호구역에서 볼 수 있는데, 조류 포스터와 안내 센터의 커다란 벽화에 담겨 있다. 왕립조류보호협회 웹사이트에도 그가 그린 일러스트가 있다. 1992년부터 조류 전문 일러스트레이터가 되어 영국의 많은 출판사와 일했으며, 그의 작품은 정기적으로 조류 잡지에 소개되었다. 그동안 《Mitchell Beazley Pocket Guide to Garden Birds》, 《Hamlyn bird guides》 시리즈, 《Field Guide to the Birds of the Middle East》, 《A Guide to the Birds of Southeast Asia》 등 새를 다룬 18권의 책에 일러스트를 그렸다. 그의 작품은 왕립조류보호협회가 분기별로 발간하는 최신 조류 잡지에 모두 게재되어 있으며, 그가 거주하는 지역에 있는 영국 데번조류협회(Devon Birds Society)에서 미술 책임자로 자원봉사도 하고 있다.

참고문헌

F. Gill and M. Wright in *Birds of the World: Recommended English Names* (Princeton: Princeton University Press, 2006). : 책에 나오는 새들의 영어 이름은 위 책의 표기를 따랐다.

Beaman, M., and S. Madge. *The Handbook of Bird Identification for Europe and the Western Palearctic.* Princeton: Princeton University Press, 1998.

Beehler, B. M., T. K. Pratt, and D. A. Zimmerman. *Birds of New Guinea.* Princeton: Princeton University Press, 1986.

BirdLife International. *Threatened Birds of the World.* Barcelona and Cambridge: Lynx Editions and BirdLife International, 2000.

Brewer, D. *Wrens, Dippers, and Thrashers.* New Haven: Yale University Press, 2001.

Clement, P. *Thrushes.* Princeton: Princeton University Press, 2000.

del Hoyo, J., A. Elliott, and J. Sargatal (Eds). *Handbook of the Birds of the World, Vol. 7.* Barcelona: Lynx Editions, 2002.

Forshaw, J. M. *Parrots of the World.* Princeton: Princeton University Press, 2006.

Frith, C. B., and B. M. Beehler. *Bird Families of the World: The Birds of Paradise.* Oxford: Oxford University Press, 1998.

Fry, C. H., and S. Keith (Eds). *The Birds of Africa, Vol. VII.* Princeton: Princeton University Press, 2004.

Gibbs, D., E. Barnes, and J. Cox. *Pigeons and Doves: A Guide to the Pigeons and Doves of the World.* New Haven: Yale University Press, 2001.

Grimmet, R., C. Inskipp, and T. Inskipp. *A Guide to the Birds of India, Pakistan, Nepal, Bangladesh, Bhutan, Sri Lanka, and the Maldives.* Princeton: Princeton University Press, 1999.

Heather, B., and H. Robertson. *Field Guide to the Birds of New Zealand.* Oxford: Oxford University Press, 1997.

Howell, S. N. G., and S. Webb. *A Guide to the Birds of Mexico and Northern Central America.* New York: Oxford University Press, 1995.

Jaramillo, A., and P. Burke. *New World Blackbirds.* Princeton: Princeton University Press, 1999.

Jones, D. N., R. W. R. J. Dekker, and C. S. Roselaar. *Bird Families of the World: The Megapodes.* Oxford: Oxford University Press, 1995.

Langrand, O. *Guide to the Birds of Madagascar.* New Haven: Yale University Press, 1990.

Madge, S., and H. Burn. *Crows and Jays.* Princeton: Princeton University Press, 1994.

Mullarney, K., L. Svensson, D. Zetterstrom, and P. J. Grant. *Birds of Europe.* Princeton: Princeton University Press, 1999.

Pizzey, G., and F. Knight. *A Field Guide to the Birds of Australia.* Sydney: HarperCollins Publishers, 1997.

Pratt, H. D. *Bird Families of the World: The Hawaiian Honeycreepers.* Oxford: Oxford University Press, 2005.

Raffaele, H., J. Wiley, O. Garrido, A. Keith, and J. Raffaele. *A Guide to the Birds of the West Indies.* Princeton: Princeton University Press, 1998.

Rassmussen, P. C., and J. C. Anderton. *Birds of South Asia: The Ripley Guide, Vol 2.* Washington D.C. and Barcelona: Smithsonian Institution and Lynx Editions, 2005.

Ridgely, R. S., and J. A. Gwynne. *A Guide to the Birds of Panama.* Princeton: Princeton University Press, 1989.

Ridgely, R. S., and G. Tudor. *The Birds of South America, Vol I.* Austin: University of Texas Press, 1989.

Ridgely, R. S., and G. Tudor. *The Birds of South America, Vol II.* Austin: University of Texas Press, 1994.

Ridgely, R. S., and P. J. Greenfield. *The Birds of Ecuador: Field Guide.* Ithaca: Comstock Publishing, 2001.

Robson, C. *A Guide to the Birds of Southeast Asia.* Princeton: Princeton University Press, 2000.

Sick, H. *Birds in Brazil.* Princeton: Princeton University Press, 1993.

Stevenson, T., and J. Fanshawe. *Field Guide to the Birds of East Africa.* London: T. & A. D. Poyser, 2002.

Stiles, F. G., and A. F. Skutch. *A Field Guide to the Birds of Costa Rica.* Ithaca: Cornell University Press, 1989.

Wells, D. R. *The Birds of the Thai-Malay Peninsula, Vol I.* London: Academic Press, 1999.

그림 출처

마이크 랜먼: 299, 302, 303, 305, 307, 309, 318, 321, 324, 325, 329, 331, 333, 334, 335, 337, 339, 341, 343, 345, 346, 347, 349, 353, 355, 357, 359, and all chapter opener art, pages 8-9, 58-59, 124-125, 168-169, 230-231, and 296-297.

데이비드 너니: 11, 12, 13, 15, 17, 19, 21, 22, 23, 25, 27, 29, 30, 31, 33, 35, 37, 39, 40, 41, 43, 45, 46, 47, 49, 51, 53, 55, 57, 61, 63, 65, 66, 67, 69, 71, 73, 75, 77, 78, 79, 81, 83, 85, 87, 89, 91, 93, 95, 96, 97, 99, 101, 102, 103, 105, 106, 107, 109, 111, 112, 113, 115, 117, 119, 121, 123, 127, 129, 130, 131, 133, 135, 137, 139, 141, 142, 143, 145, 147, 179, 151, 152, 153, 155, 157, 158, 159, 161, 163, 165, 167, 171, 173, 175, 176, 177, 179, 181, 183, 185, 187, 188, 189, 191, 193, 195, 197, 199, 201, 202, 203, 205, 207, 209, 210, 211, 212, 213, 215, 217, 219, 221, 223, 224, 225, 227, 229, 233, 235, 237, 239, 241, 243, 245, 247, 249, 251, 253, 255, 257, 259, 261, 263, 265, 267, 268, 269, 271, 272, 273, 275, 276, 277, 278, 279, 281, 283, 284, 285, 287, 289, 291, 293, 295, 301, 311, 313, 315, 317, 319, 323, 327, and 351.

Shutterstock: 366쪽 전화기

음원 출처

QR코드 음원 page 10 : Charles A. Sutherland, **page 12:** Paul A. Schwartz, **page 13:** Geoffrey A. Keller, **page 14:** Linda R. Macaulay, **page 16:** Edgar B. Kincaid, **page 18:** Mark B. Robbins, **page 20:** George B. Reynard, **page 22:** Curtis A. Marantz, **page 23:** Theodore A. Parker III, **page 24:** Walter A. Thurber, **page 26:** William Guion, **page 28:** Mathew D. Medler, **page 30:** Gregory F. Budney, **page 31:** L. Irby Davis, **page 32:** Arthur A. Allen, Peter Paul Kellogg, **page 34:** Geoffrey A. Keller, **page 36:** Paul A. Schwartz, **page 38:** Geoffrey A. Keller, **page 40:** Gregory F. Budney, **page 41:** L. Irby Davis, **page 42:** Geoffrey A. Keller, **page 44:** Peter Paul Kellogg, **page 46:** Curtis A. Marantz, **page 47:** Curtis A. Marantz, **page 48:** Geoffrey A. Keller, **page 50:** L. Irby Davis, **page 52:** Mathew D. Medler, **page 54:** Paul A. Schwartz, **page 56:** Mathew D. Medler, **page 60:** Theodore A. Parker III, **page 62:** L. Irby Davis, **page 64:** Mathew D. Medler, **page 66:** Curtis A. Marantz, **page 67:** William W. H. Gunn, **page 68:** Curtis A. Marantz, **page 70:** Mathew D. Medler, **page 72:** David Michael, **page 74:** Curtis A. Marantz, **page 76:** Curtis A. Marantz, **page 78:** William Belton, **page 79:** Linda R. Macaulay, **page 80:** J. Duncan MacDonald, **page 82:** Curtis A. Marantz, **page 84:** Curtis A. Marantz, **page 86:** Curtis A. Marantz, **page 88:** Curtis A. Marantz, **page 90:** Curtis A. Marantz, **page 92:** Curtis A. Marantz, **page 94:** Mathew D. Medler, **page 96:** Curtis A. Marantz, **page 97:** David Michael, **page 98:** William V. Ward, **page 100:** Thomas H. Davis, **page 102:** Gregory F. Budney, **page 103:** William Belton, **page 104:** Theodore A. Parker III, **page 106:** Steven R. Pantle, **page 107:** Curtis A. Marantz, **page 108:** Paul A. Schwartz, **page 110:** Curtis A. Marantz, **page 112:** Mathew D. Medler, **page 113:** Geoffrey A. Keller, **page 114:** Paul A. Schwartz, **page 116:** Mathew D. Medler, **page 118:** Myles E. W. North, **page 120:** Myles E. W. North, **page 122:** Myles E. W. North, **page 126:** Myles E. W. North, **page 128:** Myles E. W. North, **page 130:** Myles E. W. North, **page 131:** Myles E. W. North, **page 132:** Myles E. W. North, **page 134:** Jennifer F. M. Horne, **page 136:** Myles E. W. North, **page 138:** Myles E. W. North, **page 140:** Clem Haagner, **page 142:** Jennifer F. M. Horne, **page 143:** Linda R. Macaulay, **page 144:** Linda R. Macaulay, **page 146:** Linda R. Macaulay, **page 148:** Jennifer F. M. Horne, **page 150:** Carolyn S. McBride, **page 152:** Myles E. W. North, **page 153:** Ian Sinclair, **page 154:** Jennifer F. M. Horne, **page 156:** Linda R. Macaulay, **page 158:** Boris N. Veprintsev, **page 159:** Arnoud B. van den Berg, **page 160:** Myles E. W. North, **page 162:** Arthur A. Allen, Peter Paul Kellogg, **page 164:** Gregory F. Budney, **page 166:** Arnoud B. van den Berg, **page 170:** Linda R. Macaulay, **page 172:** Geoffrey A. Keller, **page 174:** Gregory F. Budney, **page 176:** Myles E. W. North, **page 177:** Myles E. W. North, **page 178:** Theodore A. Parker III, **page 180:** Jennifer F. M. Horne, **page 182:** Dale A. Zimmerman, **page 184:** Marian P. McChesney, **page 186:** Myles E. W. North, **page 188:** Myles E. W. North, **page 189:** Marian P. McChesney, **page 190:** Myles E. W. North, **page 192:** Linda R. Macaulay, **page 194:** Myles E. W. North, **page 196:** Linda R. Macaulay, **page 198:** Vladimir M. Loscot, **page 200:** Vasily Verschinin, **page 202:** Boris N. Veprintsev, Vladimir V. Leonovich, **page 204:** Boris N. Veprintsev, **page 206:** Vladimir M. Loscot, **page 208:** Boris N. Veprintsev, **page 210:** Vladimir M. Loscot, **page 211:** Wayne W. Hsu, **page 212:** Arnoud B. van den Berg, **page 213:** Scott Connop, **page 214:** Scott Connop, **page 216:** Linda R. Macaulay, **page 218:** Linda R. Macaulay, **page 220:** Curtis A. Marantz, **page 222:** Linda R. Macaulay, **page 224:** Linda R. Macaulay, **page 225:** Sheldon R. Severinghaus, **page 226:** Linda R. Macaulay, **page 228:** Linda R. Macaulay, **page 232:** Linda R. Macaulay, **page 234:** Curtis A. Marantz, **page 236:** Geoffrey A. Keller, **page 238:** Linda R. Macaulay, **page 240:** Linda R. Macaulay, **page 242:** Edward W. Cronin, **page 244:** Scott Connop, **page 246:** Linda R. Macaulay, **page 248:** Linda R. Macaulay, **page 250:** Linda R. Macaulay, **page 252:** William V. Ward, **page 254:** Joseph T. Marshall, **page 256:** Linda R. Macaulay, **page 258:** Andrea L. Priori, **page 260:** Linda R. Macaulay, **page 262:** Linda R. Macaulay, **page 264:** Linda R. Macaulay, **page 266:** Wiliam V. Ward, **page 268:** Linda R. Macaulay, **page 269:** Arnoud B. van den Berg, **page 270:** J. Snelling, **page 272:** Paul Coopmans, **page 273:** Andrea L. Priori, **page 274:** Andrea L. Priori, **page 276:** Gregory F. Budney, **page 277:** Boris N. Veprintsev, **page 278:** Boris N. Veprintsev, **page 279:** Boris N. Veprintsev, **page 280:** Vladimir M. Loscot, **page 282:** William V. Ward, **page 284:** William V. Ward, **page 285:** Linda R. Macaulay, **page 286:** Marian P. McChesney, **page 288:** Andrea L. Priori, **page 209:** F. N. Robinson, **page 292:** D. L. Serventy, **page 294:** Fred W. Loetscher, **page 298:** Scott Connop, **page 300:** Linda R. Macaulay, **page 302:** Eleanor Brown, **page 303:** Gregory F. Budney, **page 304:** Gregory F. Budney, **page 306:** Fred W. Loetscher, **page 308:** Fred W. Loetscher, **page 310:** F. N. Robinson, **page 312:** Wiliam V. Ward, **page 314:** Wiliam V. Ward, **page 316:** Herald Pooleck, **page 318:** Linda R. Macaulay, **page 319:** F. Cusack, **page 320:** Leslie B. McPherson, **page 322:** Curtis A. Marantz, **page 324:** Linda Macaulay, **page 325:** Linda Macaulay, **page 326:** Peter A. Hosner, **page 328:** Linda R. Macaulay, **page 330:** Curtis A. Marantz, **page 332:** R. J. Shallenberger, **page 334:** Curtis A. Marantz, **page 335:** Fred W. Loetscher, **page 336:** H. Douglas Pratt, **page 338:** H. Douglas Pratt, **page 340:** Linda R. Macaulay, **page 342:** Fred W. Loetscher, **page 344:** Scott Connop, **page 346:** Kenneth F. Scriven, **page 347:** Fred W. Loetscher, **page 348:** Scott Connop, **page 350:** Scott Connop, **page 352:** Scott Connop, **page 354:** Scott Connop, **page 356:** F. Trillmich, **page 358:** H. Douglas Pratt

찾아보기

찾아보기

새소리를 어떻게 들을까?

Africa

오색찌르레기 Superb Starling
학명: 람프로토르니스 수페르부스(Lamprotornis superbus)

오색찌르레기 수컷이 특정한 패턴 없이 부르는 노랫소리 중 일부

아프리카에는 많은 종류의 찌르레기류(starling)가 산다. 가슴이 어두운 파란색을 띠는 이 화려한 오색찌르레기는 가장 아름다운 찌르레기로 꼽힌다. 아주 사교적이라 흔흥 작은 무리를 지어 어울린다. 에티오피아부터 남쪽에 있는 탄자니아에 이르는 동아프리카에 퍼져 있다. 탁 트인 건조 지역 또는 반건조 지역의 산림, 대초원, 물 밭 둘치에 깃들여 산다. 하루 중 가장 따뜻한 때 잎이 무성한 나무에 앉아 쉬고, 다른 때는 땅에서 먹이를 찾는다. 대부분 곤충류를 먹지만, 열매, 작은 과실류, 꽃과 씨앗류도 먹는다.

오색찌르레기의 노래는 길고 특정한 패턴이 없는 다양한 소리로 이루어져 있다. 노랫소리 중에는 보통 '휘우-휴'와 분명하지 않게 '치이우우'처럼 들리는 소리가 있다. 흥분할 때는 대체로 '윗-쪼르-치-비이' 하고 길게 운다. 경계할 때는 '치르르르' 하고 운다.

- 224 -

이 책에 나온 새의 노랫소리를 들으려면, 인터넷에 연결해서 QR코드를 인식할 수 있어야 한다. 대부분의 스마트폰은 QR코드를 인식할 수 있는 장치가 있지만, 그렇지 않다면 QR코드 인식 앱을 다운로드 받으면 된다.

각각의 페이지에는 새 이름 아래에 네모난 QR코드가 있다. 새마다 고유의 QR코드가 있어서 특정 새의 노래를 들을 수 있다. QR코드를 인식하면, 새 소리를 재생할 수 있는 웹사이트가 열린다.

재생 버튼을 눌러 새의 노랫소리나 울음소리를 들어보자. 재생 중에 같은 버튼을 한 번 더 누르면 새의 노랫소리를 잠시 멈출 수 있고, 소리를 반복해서 들으려면 재생 버튼을 한 번 더 누르면 된다.

주의사항: 웹사이트에서 소리가 잘 안 나온다면, 사용하는 웹브라우저가 최신 버전인지 확인해보자.

감사의 말

레스 벨레츠키

메건 클리어리, 케이트 페리, 헨리 퀴로가, 레아 핑거 그리고 출판사 베커앤메이어(becker&mayer)의 피터 슈마허에게 감사하다고 말하고 싶습니다. 자연의 소리를 수집하는 코넬대학교 부속 조류연구소 안에 있는 매콜리 도서관의 게릿 빈과 태미 비숍, 이 책에 아름다운 그림을 그려 준 데이비드 너니와 마이크 랭먼, 새에 대한 조언을 해준 조류 전문가 데이비드 피어슨, 그리고 편집을 도와준 신시아 왕, 모두 고맙습니다.

베이커앤메이어 출판사

아주 귀중한 도움을 준 코넬대학교 부속 조류연구소의 모든 분들께 감사 인사를 드리고 싶습니다. 특히 저자 레스 벨레츠키, 메리 거스리, 그리고 게릿 빈과 대니얼 오티스, 데이나 칙켈리, 그리고 러셀 갈렌, 모두 고맙습니다.